Alte Ziele und neue Wege der Elektrizitätswirtschaft Österreichs

Von

Dipl.-Ing. Dr. **Oskar Vas**
Wien

Mit 19 Textabbildungen und 28 Tabellen

Springer-Verlag Wien GmbH 1956

Additional material to this book can be downloaded from http://extras.springer.com

ISBN 978-3-7091-3838-0 ISBN 978-3-7091-3837-3 (eBook)
DOI 10.1007/978-3-7091-3837-3

Sonderabdruck aus

E und M

Elektrotechnik und Maschinenbau

Heft 11/12, Jahrgang 73 (1956)

I.

Die fünfte Weltkraftkonferenz wird in einer eigenen, der ersten Abteilung die Statistik der Energieträger der Welt und die Fortschritte ihrer Nutzbarmachung behandeln, anschließend an eine gleichartige Behandlung dieser Fragen auf der vierten Weltkraftkonferenz, die bekanntlich im Juni 1950 in London stattgefunden hat. Die Mitgliederstaaten werden dazu ihre Berichte vorlegen; so auch Österreich.

Es dürfte daher auch gerechtfertigt sein, die seit mehr als einem Vierteljahrhundert vom Verfasser betriebene, systematische Darstellung der Energiewirtschaft Österreichs und ihrer Grundlagen[1]), begonnen mit dem offiziellen Bericht zur zweiten Weltkraftkonferenz in Berlin, mit dessen Ausarbeitung der Verfasser vom Österreichischen Nationalkomitee der Weltkraftkonferenz im Jahre 1929 betraut worden ist, bis in die Gegenwart fortzusetzen und jene Aspekte zu entwikkeln, die sich aus den Erkenntnissen der letzten Jahre ableiten lassen.

Um Wiederholungen zu vermeiden, darf an die beiden Veröffentlichungen angeknüpft werden, die anläßlich des fünfjährigen Bestandes des sogenannten zweiten Verstaatlichungsgesetzes und anläßlich des Abschlusses des Staatsvertrages von Wien aus der Feder des Verfassers erschienen sind[2]), [3]).

---

1) O. Vas: Grundlagen und Entwicklung der Energiewirtschaft Österreichs. Wien. Springer-Verlag. 1930.
und derselbe: Ergänzungsband 1933, Springer-Verlag. 1933, zur Teiltagung der WKK in Stockholm erschienen.

2) O. Vas: Wege und Ziele der österreichischen Elektrizitätswirtschaft. Wien. Springer-Verlag. 1952.

3) O. Vas: Wasserkraft- und Elektrizitätswirtschaft in der Zweiten Republik. Schriftenreihe des Österreichischen

In der ersten Schrift ist der Anschluß an die Vorkriegspublikationen des Verfassers hergestellt und die erfolgreiche Entwicklung des ersten Lustrums der verstaatlichten Elektrizitätswirtschaft dargestellt worden. Die zweite Schrift behandelt hauptsächlich den Kraftwerksbau während des ersten Dezenniums der zweiten Republik und gibt einen Überblick über die in Gang befindlichen Kraftwerksbauten und ganz allgemein über die Zukunftspläne.

Zweck dieser Abhandlung ist es nun, im Anschluß an die erwähnten Veröffentlichungen des Verfassers und in Ergänzung des der fünften Weltkraftkonferenz vorgelegten Berichtes des Österreichischen Nationalkomitees[4]), auf die in diesem naturgemäß nicht dargetanen, inneren Beziehungen der österreichischen Elektrizitätswirtschaft einzugehen und daraus die nötigen Forderungen für deren künftige Entwicklungen abzuleiten.

II.

Im Jahre 1948 ist die sogenannte Elektrizitätswirtschaftsplanung des (seinerzeitigen) Bundesministeriums für Vermögenssicherung und Wirtschaftsplanung veröffentlicht worden[5]). Wiederholt ist nun in der Folge darauf hingewiesen worden, daß der Zuwachs des Verbrauches an elektrischer Energie die dort getroffenen Annahmen — in einzelnen Jahren sogar weit — überschritten hat[6]), [7]), [8]), [9]). Die Begründung für das Ver-

---

Wasserwirtschaftsverbandes. Wien. Springer-Verlag (1956), H. 30.

[4]) E. Denk, R. Exner, C. Hochstetter und V. Pöschmann: Die Energiequellen Österreichs und ihre Nutzung von 1950 bis 1954. Bericht zur 5. Weltkraftkonferenz, Wien 1956.

[5]) Wege und Ziele. S. 72, 99 ff.

[6]) H. Grimm: Die Entwicklung des Stromabsatzes in Österreich. ÖZE 7 (1954), H. 10.

sagen der Prognosen des Jahres 1947 liegt in der naturgemäßen Schwierigkeit, aus wenigen Einzelwerten der Vergangenheit auf zukünftige zu schließen, und in der Unmöglichkeit, die Wahrscheinlichkeit einer Entwicklung anzugeben, für die kein echtes Kollektiv als Grundlage vorliegt. Angewendete Analogieschlüsse führen im Einzelfall auch zu keiner hinreichend sicheren Vorhersage.

Eine Vorausschätzung der Verbundgesellschaft, die im Jahre 1948 angestellt wurde, weil den Einwänden gegen die niedrigen Zuwachsannahmen des Elektrizitätswirtschaftsplanes nicht Rechnung getragen worden ist, traf besser zu. Sie ist in Tab. I dargestellt[10]).

Tabelle I

	Soll- Werte der Planung im Verbundnetz (GWh)	Ist- Werte der Abgabe im Verbundnetz (GWh)	Prozente der Überschreitung
1948	3 300	3 086	−6,5
1949	3 680	3 409	−7.4
1950	4 090	3 793	−7,3
1951	4 500	4 265	−5,2
1952	4 900	4 534	−7,4
1953	5 300	4 833	−8,8
1954	5 700	5 671	−0,5
1955	6 100	6 344	+4,0

Ein interessanter Versuch, den Entwicklungstrend mathematisch aus den statistischen Daten der abgelau-

[7]) F. Hintermayer: Tätigkeitsbericht des Bundeslastverteilers für die Berichtsjahre 1949 bis 1954. ÖZE 3 (1949) bis 8 (1954).

[8]) W. Ludwig: Voraussichtliche Entwicklung des Strombedarfes aus der öffentlichen Versorgung in Österreich und Feststellung der zur Deckung desselben fehlenden Arbeit und Leistung. ÖZE 6 (1953), H. 9.

[9]) s. Fußnote [3]) S. 38 f.

[10]) s. Wege und Ziele. S. 103, Abb. 13.

fenen Jahre zu ermitteln, ist von der Sektion IV des Bundesministeriums für Verkehr und verstaatlichte Betriebe angestellt worden[11]).

Zugrunde gelegt ist dieser Berechnung das Ergebnis der Jahre 1946 bis 1953; ermittelt wird eine Vorhersage für die Jahre 1954 bis 1956, also für eine verhältnismäßig kurze Zeit. Das Resultat dieser Rechnung ist in Tab. II den erhobenen Werten gegenübergestellt.

Tabelle II

in GWh	Soll-Verbrauch	Ist-Verbrauch	mehr in %
1954	5 246 ± 74	5 671	+ 8,1
1955	5 606 ± 81	6 344	+12,3
1956	5 966 ± 88		

Man ersieht, daß — trotz der außerordentlichen Beschränkung — die Vorhersage durch die Entwicklung weit übertroffen wurde, übersteigt doch der tatsächlich im Jahre 1955 eingetretene Verbrauch die Vorhersage für 1956 (!) um fast 5,5%. Die mathematische Behandlung des Problems stimmt also schlechter mit der Wirklichkeit überein, als die aus allgemeinen Überlegungen hergeleitete Prognose der Verbundgesellschaft (Tab. I).

Man kann die ganze Schwierigkeit der Vorhersage mit einem Schlag überblicken, wenn man sich die sogenannte „biologische Wachstumskurve" vor Augen hält. Diese Kurve gilt erfahrungsgemäß für den zeitlichen Ablauf der verschiedenartigsten Erscheinungen, nicht nur auf dem Gebiet der Naturwissenschaften, sondern auch im Bereiche der Wirtschaft. Für die Elektrizitäts-

[11]) Bundesstatistik der Österreichischen Elektrizitätswirtschaft vom November 1953. Herausgegeben vom Bundesministerium für Verkehr und verstaatlichte Betriebe, Sektion IV.

wirtschaft hat dies Menge[12]) überzeugend nachgewiesen.

Der Verlauf einer solchen Kurve ist in Abb. 1 dargestellt. Die elektrizitätswirtschaftliche Statistik gibt in einem gebrochenen Linienzug nur den Ansatz für den linken, untersten Teil der Kurve, die — mathematisch betrachtet — als Ausgleichskurve an diesen

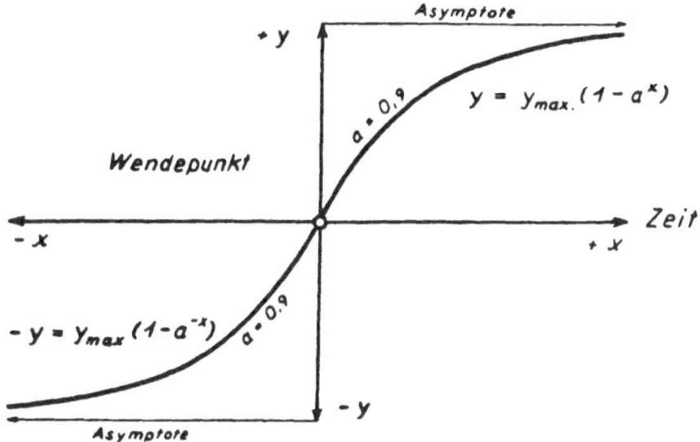

Abb. 1. Biologische Wachstumskurve (nach Menge)

Linienzug angepaßt werden muß. Dazu fehlt allerdings eine ganz wesentliche Voraussetzung, nämlich der Größtwert, bis zu dem der Elektrizitätsverbrauch ansteigen wird (Y_{max}), die waagrechte Asymptote an die Wachstumskurve.

W. Ludwig hat in seiner sehr hübschen Untersuchung[8]) gezeigt, daß die österreichische Entwicklung von heute mit Sicherheit im mittleren, steilsten Teil der Wachstumskurve verläuft, und daß es daher plausibel ist — um einen von R. v. Mises[13]) vorge-

[12]) A. Menge: Entwicklungsmöglichkeit der deutschen Elektrizitätswirtschaft, eine biologische Studie. Vortrag anläßlich der Hochschultagung der TH München. Oktober 1932.

[13]) R. v. Mises: Wahrscheinlichkeit, Statistik und Wahrheit. Wien. Springer-Verlag. 1951.

schlagenen Ausdruck zu gebrauchen, da es sich hier nicht um eine zahlenmäßig errechenbare „Wahrscheinlichkeit" im wissenschaftlichen Sinne handelt — wenn man noch für einige Jahre einen gleichen kräftigen Anstieg des Stromverbrauches erwartet, wie bisher.

Nebenbei bemerkt, glaubt man z. B. auch in der Schweiz[14]) — wo der Kopfverbrauch je Kopf und Jahr im Jahre 1955 bereits an 2 700 kWh/Kopf • Jahr heranreichte[15]), gegenüber einer Kopfquote von 1 390 kWh/Kopf und Jahr in Österreich im Jahre 1955 —, daß die Zuwachsrate, die dort in dem vergangenen Vierteljahrhundert 5,2%, in den letzten Nachkriegsjahren 5,4% betragen hat, in den nächsten fünf Jahren mit 5% angenommen werden könnte[16]).

Wenn man die Entwicklung des Stromverbrauches in den westeuropäischen Staaten und in den USA einer näheren Betrachtung unterzieht, so kann man zwei Gruppen feststellen, und zwar eine Gruppe mit niedriger Zuwachsquote je Jahr, z. B. Schweden, Schweiz und USA von 5 bis 6% im Durchschnitt der letzten 30 Jahre, und eine solche mit der höheren Quote von 7 bis 10%; zu der letzteren gehört Österreich, das, wie die meisten mitteleuropäischen Staaten in dem Jahrzehnt nach dem zweiten Weltkrieg noch größere Zuwachsquoten (bis über 16% von 1950 auf 1951) erreichte[17]).

---

[14]) Die Schweiz rechnet mit Elektrizitätswirtschaftsjahren vom 1. Okt. bis 30. Sept.

[15]) Erzeugung und Verwendung elektrischer Energie in der Schweiz im Betriebsjahr 1954/55. Bull. SEV 7 (1956), Nr. 6.

[16]) A. Winiger: Wasserkraft und Atomenergie. Aussichten für die Energieversorgung der Schweiz. Vortrag in der Generalversammlung des Schweizerischen Energiekonsumentenverbandes am 21. März 1956. S. Neue Zürcher Zeitung vom 23. III. 1956 Fernausgabe Nr. 82, Blatt 7.

[17]) In der Monatsstatistik der österreichischen Elektrizitätswirtschaft, die vom Bundesministerium für Verkehr

In der folgenden Tab. III ist der verhältnismäßige Zuwachs des Stromverbrauches in Österreich zusammengestellt, und zwar in Hundertteilen der Verbräuche von 1937 (1. Spalte), 1944 (2. Spalte) und 1945 (3. Spalte).

Tabelle III

1933	79,5	$(1{,}80 = 1{,}103^{6})$	40,0		70,5	
1937	100		50,5		89,0	
1938	106		53,5		94,5	
1939	121		61,5		108	
1940	133		67,5		119	
1941	149		70,5	$(197 : 40 = 1{,}0752^{22})$	133	
1942	165		83,5		147	
1943	180		91,5		161	
1944	197		100		176	
1945	113		57		100	
1946	123		62,5		110	
1947	141		71,5		126	
1948	183		92,5		163	$(3{,}47 = 1{,}1325^{10})$
1949	205		104		182	
1950	228		116		203	
1951	265		134		236	
1952	285		144		253	
1953	309		156,5		275	
1954	348		176		309	
1955	391		197		347	

Danach betrug die Zuwachsrate von 1937 bis 1943: 10,3%, von 1945 bis 1955: 13,3% und von 1933 bis 1955: 7,5%. Die Zuwachsrate von 1933 bis 1937, also am Beginn der Periode, betrug nicht ganz 6,0%, in den letzten vier Jahren der Periode, von 1951 bis 1955 dagegen 10,2%. Der Zuwachs in diesen letzten vier Jahren verlief daher parallel zu dem Zuwachs von 1937 bis 1943. Grund genug für die Annahme,

und verstaatlichte Betriebe herausgegeben wird, ist im Septemberheft 1954 eine mathematische Ableitung des Entwicklungstrends des Stromverbrauches zahlreicher Staaten veröffentlicht, die als „Normaltrend“ eine Verdoppelung des Verbrauches in 12,3 bis 13,7 Jahren und als „Nachholtrend“ eine solche von 5,4 bis 6,2 Jahren bezeichnet.

daß der Zuwachs auch in den nächsten fünf Jahren 10% betragen werde.

III.

Bevor nun aus den bisherigen Überlegungen die Folgerungen für den weiteren Ausbau unserer Kraftwerke gezogen werden, sollen in Anlehnung an die früheren Berichte Einzelheiten der Entwicklung der letzten fünf Jahre behandelt werden.

Zunächst ist in Tab. IV die Stromaufbringung der Landesgesellschaften seit 1950 aufgeschrieben[18]).

Tabelle IV. Eigenerzeugung (Fremdstrombezug) der Landesgesellschaften in GWh

	1950	1951	1952	1953	1954	1955
VKW	67 (82)	67 (97)	70 (110)	65 (121)	71 (140)	78 (142)
TIWAG	610 (53)	625 (55)	773 (71)	591[1]) (136)	436[1]) (204)	485[1]) (204)
KELAG	62 (138)	79 (146)	76 (155)	95 (143)	113 (174)	108 (251)
STEWEAG	314 (131)	359 (126)	357 (167)	330 (253)	386 (307)	407 (395)
SAFE	68 (75)	64 (131)	75 (132)	71 (165)	69 (210)	72 (238)
OKA	343 (471)	406 (509)	418 (537)	423 (619)	401 (739)	487 (820)
NEWAG	97 (282)	102 (302)	114 (316)	117 (346)	139 (398)	144 (467)
WEW	416 (523)	495 (509)	527 (512)	617 (467)	733 (486)	892 (516)

1) Erzeugungsrückgang durch Ausscheiden von Gerlos, Bösdornau und Tuxbachwerk ab 7. 1953.

Ihre Eigenerzeugung ist

seit 1950 von . . . . . 1 977 GWh auf 2 673 GWh
ihr Fremdstrombezug von 1 755 GWh auf 3 033 GWh
im Jahr 1955 gestiegen,

---

18) Entsprechend Tabelle I in „Wege und Ziele“, Fußnote 2); dort sind die Daten für 1950 noch enthalten.

die Gesamtaufbringung
daher von . . . . 3 732 GWh auf 5 706 GWh
das ist um 52,9%.

Analog sollen die wichtigsten, Erzeugung und Verbrauch betreffenden Tabellen aus „Wege und Ziele“ ergänzt werden. Tab. V gibt Aufschluß über Erzeugung und Verbrauch in Österreich von 1950 bis 1955 in GWh, neben der Kopfquote in kWh/Kopf und Jahr.

Tabelle V. Erzeugung und Verbrauch elektrischer Energie in Österreich von 1950 bis 1955 in GWh, die Kopfquote in kWh/Jahr

Jahr	Öff. EVU[1])	ÖBB	Industr. Eigenanlagen[2])	Gesamterzeugung ohne Import	Import	Export	Ges.-Verbrauch einschließlich Verluste	Kopfquote des Ges.-Verbrauches einschl. Verluste
1950	4 911	333	1 107	6 351	29	720	5 660	820
1951	5 679	376	1 320	7 375	45	849	6 571	948
1952	6 280	397	1 355	8 032	85	1 060	7 057	1 018
1953	6 885	427	1 452	8 764	206	1 296	7 674	1 103
1954	7 721	452	1 674	9 847	272	1 492	8 627	1 238
1955	8 417	490	1 844	10 751	446	1 498	9 699	1 390

[1]) Einschließlich Einspeisung aus Industrieeigenanlagen.
[2]) Abzüglich Einspeisung in das öffentliche Netz.

Der Verbrauch von 1955 beträgt somit das 1,9fache jenes von 1949 und das 2,8fache jenes von 1947. Eine Verdoppelung des Verbrauches ist daher in 6,3 Jahren eingetreten.

Dieser Entwicklung soll nun die Zunahme des Kohlenverbrauches gegenübergestellt werden (Tab.VI).[19])

Man sieht, daß der auf SKB umgerechnete Verbrauch sich nach beiden Richtungen (+ und —) entwickelt. Während er in den Jahren 1952 und 1953 gesunken ist, ist er im Jahre 1954 schon über den Verbrauch des Jahres 1951 gestiegen, und im Jahr 1955 sogar um 6,9% höher als dieser. Betrachtet man die

[19]) S. „Wege und Ziele“, Tab. 10.

Tabelle VI. Die Gesamtversorgung Österreichs mit Kohle (nach Angaben der Obersten Bergbehörde)

Aufbringung (in Tonnen)	1951 Inland	1951 Ausland	1952 Inland	1952 Ausland	1953 Inland	1953 Ausland	1954 Inland	1954 Ausland	1955 Inland	1955 Ausland
Steinkohle	267 270	4 332 876	215 812	3 754 051	181 987	3 452 308	175 664	3 857 115	166 555	4 127 580
Braunkohle	4 471 705	1 395 997	4 661 919	1 011 049	5 070 583	803 534	5 758 167	736 216	6 088 762	803 347
Koks	1 472 443	309 979	1 585 008	292 254	1 576 620	294 249	1 756 626	366 434	1 849 899	369 672
	6 211 418	6 038 852	6 462 739	5 057 354	6 829 190	4 550 091	7 690 457	4 959 765	8 105 216	5 300 599
Verteilung	t-SKB	%	t-SKB	%	t-SKB	%	t-SKB	%	t-SKB	%
Verkehr	1 296 608	13,9	1 204 127	13,9	1 061 599	12,6	1 072 420	11,4	1 126 543	11,3
Gas- und Wasserw.	657 854	7,1	490 850	5,7	612 584	7,3	575 704	6,1	558 333	5,6
Stromerzeugg.	560 211	6,0	557 165	6,4	515 116	6,1	739 747	7,9	750 945	7,5
Industrie	5 229 047	56,1	4 859 955	55,9	4 721 656	55,9	5 274 950	56,1	5 722 643	57,5
Hausbrand	1 464 787	15,7	1 467 171	16,9	1 479 118	17,5	1 691 686	18,0	1 793 376	18,0
Besatzung	107 912	1,2	104 341	1,2	52 150	0,6	48 524	0,5	7 921	0,1
	9 316 419	100,0	8 683 609	100,0	8 442 223	100,0	9 403 031	100,0	9 959 761	100,0

Tabelle VII. Relativwerte des österreichischen Kohleverbrauches bezogen auf Steinkohlebasis

Im Jahr	1929	1937	1944	1947	1948	1949	1950	1951	1952	1953	1954	1955
auf	855	542	1 020	506	762	855	863	936	872	847	943	**1 000**
auf	1 580	**1 000**	1 885	933	1 407	1 580	1 592	1 727	1 610	1 567	1 745	1 850

einzelnen Verbrauchergruppen, so zeigt sich, daß Verkehr und Gaswerke eine stetig abnehmende Tendenz zeigen, während offenbar die Industrie die allgemeine Schwankung bedingt, wohingegen der Verbrauch der Elektrizitätswerke aber deutlich ansteigt. Daß dies erwartet wurde, kann in „Wege und Ziele“ nachgelesen werden (S. 76 und 102).

Deutlich erkennt man die schwankende Gesamttendenz aus der nebenstehenden Tab. VII, in der die absoluten Größen des Verbrauches auf die der Jahre 1937 und 1955 bezogen wurden.

Die bereits im Jahre 1951 festgestellte Umstellung von ausländischen auf inländische Brennstoffe wird auch weiterhin mit Erfolg fortgesetzt, wie die Tab. VIII zeigt.

Tabelle VIII. Verbrauch an Importkohle zur Elektrizitätserzeugung (EVU)

Im Jahre	1949	1950	1951	1952	1953	1954	1955	
an Steinkohle	262	234	131	77	73	115	78	(in 1 000 t)
an Braunkohle	123	74	67	54	50	44	32	„
gerechnet SKB	324	271	164	104	98	137	94	„

Neben dem Kohlenverbrauch in der Elektrizitätsversorgung ist aber ganz wesentlich die Verwendung von Erdöl und Erdgas gestiegen. Dies erhellt aus der folgenden Tab. IX, in der die Verwendung der einzelnen Arten der Energieträger aufgegliedert ist.

Tabelle IX. Brennstoffverbrauch der kalorischen Kraftwerke (EVU)

	Steinkohle	Braunkohle	Öl	Erdgas	Koksgas	Überschußgas
	(in 1 000 t)			(in Millionen Nm^3)		
1948	225	331	29	—	—	—
1949	280	576	16	23	9	63
1950	246	607	20	66	7	63
1951	133	790	88	96	6	56
1952	96	722	63	114	3	18
1953	89	1 221	65	147	11	48
1954	161	1 146	95	158	5	—
1955	97	1 315	76	232	4	—

In Tab. X ist die Stromerzeugung in kalorischen Kraftwerken (EVU), geordnet nach Energieträgern, ausgewiesen. Ihre steigende Tendenz wird auch weiterhin anhalten.

Tabelle X.

	Gesamt GWh	davon entfallen in % auf				
		SK	BK	Gesamt K	Cl	Gas
1946	354,9	9,94	52,69	62,63	37,05	0,32
1947	511,3	19,71	57,54	77,25	19,04	3,71
1948	540,3	46,62	43,19	89,81	7,87	2,32
1949	821,2	42,22	48,16	90,38	4,04	5,58
1950	844,7	34,38	45,81	80,19	4,96	14,85
1951	1 066,0	18,46	45,53	63,99	17,30	18,71
1952	1 040,0	14,45	48,08	62,53	13,73	23,74
1953	1 594,7	9,25	58,03	67,28	10,47	22,25
1954	1 710,7	15,59	49,76	65,35	13,44	21,21
1955	1 849,4	8,35	49,94	58,29	11,53	30,18

Der schon bisher immer stärker werdende Anteil von Erdöl und Erdgas wird in Zukunft zweifellos noch vergrößert werden, in dem Maße, als die Erdöl- und Erdgasquellen erforscht und erschlossen werden können. Auf die Absicht, im Wiener Raum ein neues, großes Kraftwerk auf Gas- und Ölbasis zu errichten, wird später noch zurückgekommen werden.

Zur Vervollständigung der kalorischen Bestands- und Betriebsdaten gibt die folgende Tab. XI die mögliche Höchstleistung der kalorischen Kraftwerke Österreichs an.

Bringt man den Brennstoffverbrauch und die Stromerzeugung in Beziehung, so ergibt sich der spezifische Brennstoff- und Wärmeverbrauch, der infolge der verbesserten Ausnutzung stetig sinkt; dies zeigt die Tab. XII.

Tabelle XII.

	1948	1949	1950	1951	1952	1953	1954	1955
Spezifischer Kohlenverbrauch in kg SK/kWh	0,82	0,77	0,79	0,74	0,69	0,64	0,64	0,63
Spezifischer Wärmeverbrauch in kcal/kWh	4 900	4 620	4 753	4 428	4 150	3 865	3 827	3 798

Additional material fromAlte Ziele und neue Wege der Elektrizitätswirtschaft Österreichs
ISBN 978-3-7091-3838-0 (978-3-7091-3838-0_OSFO1),
is available at http://extras.springer.com

Der mittlere Verbrauch an Heizöl beträgt in den verschiedenen Kraftwerken 0,31 bis 0,49 kg/kWh, an Erdgas 0,43 bis 0,50 Nm³/kWh, an Koksgas 0,9 Nm³/kWh.

Die Benutzungsdauer der Höchstlast ergab sich im Jahre 1955 mit 5 160 h (im Kraftwerk Voitsberg), 4 406 h (St. Andrä) und 4 258 h (Simmering), dagegen bloß 1 800 h (in Timelkam).

Die Wasserkraftanlagen, mit mindestens 3 MW-Leistung, die seit 1945 begonnen oder erweitert wurden, sind in Tab. XIII angeführt.

Tab. XIV enthält alle im Jahre 1945 in Bau befindlichen Wasserkraftanlagen mit mehr als 3 MW-Leistung. Sie sind bis auf Ybbs-Persenbeug zur Gänze fertiggestellt worden. Diese beiden Tabellen ergänzen die Tab. 11 in „Wege und Ziele".

Die mit der Fertigstellung der in Tab. XIII und XIV enthaltenen Kraftwerke erzielte Vergrößerung des verfüglichen Regelarbeitsvermögens ab 1952 enthält Tab. XV.

Die Langspeicherstatistik der Tab. 13 in „Wege und Ziele" wird durch die folgende Tab. XVI ersetzt. Sie enthält alle am 1. I. 1956 in Betrieb befindlichen Speicher dieser Art[20]).

Den Zuwachs an Leistung und Regelarbeitsvermögen seit 1947 gibt Tab. XVII wieder, dazu Winter- und Sommeranteil.

Und schließlich enthält Tab. XVIII die derzeit in Bau befindlichen Großwasserkraftanlagen[21]), als Ersatz der Tab. 15 in „Wege und Ziele".

---

[20]) Da der Ausdruck „Groß"-speicher dem Begriff nicht gerecht wird, soll in Hinkunft der Ausdruck „Lang"-speicher verwendet werden im Gegensatz zu „Kurz"-speicher. Denn auch ein „Groß"-speicher (dem Inhalt nach „groß") kann begrifflich ein „Kurz"-speicher (Tages- oder Wochenspeicher) sein.

[21]) Eine kurze Beschreibung der Anlagen s. Fußnote [3]), wo auch ausführlicher Schrifttumsnachweis zu finden ist.

Im Winter 1959 60 werden alle diese Anlagen in Betrieb sein, ebenso wie der beabsichtigte Vollausbau des Kraftwerkes St. Andrä; damit werden zusätzliches Wasserkraft-Arbeitsvermögen von rund 2,9 Milliarden kWh und zusätzliche kalorische Arbeit von rund 0,8 Milliarden kWh (250 bis 350 Millionen von der Erweiterung Voitsberg und 400 bis 500 Millionen kWh von der Erweiterung St. Andrä), zusammen 3,7 Milliarden kWh, zur Verfügung stehen, eine Energiemenge, die voraussichtlich zur Deckung des bis dahin auftretenden Bedarfsanstieges ausreichen wird (s. Abschnitt VII).

IV.

Nach dieser allgemeinen Darstellung soll nun — wie in „Wege und Ziele" — auf die Entwicklung des Verbundkonzernes eingegangen werden.

In den Abb. 2 bis 5 sind Stromerzeugung und -verbrauch in Österreich der Jahre 1952 bis 1955 zusammen mit der Stromaufbringung des Verbundkonzerns (der Verbundgesellschaft und der Sondergesellschaften) maßstabgerecht dargestellt; Einzelheiten dazu findet man in den Tab. XIX und XX. Diese Angaben sind zum größten Teil den Veröffentlichungen des Bundeslastverteilers entnommen, soweit sie nicht aus der Betriebs- und Verbrauchsstatistik der Verbundgesellschaft stammen. Man erkennt aus Tab. XIX, daß, im Gegensatz zu früher, die Steiermark bereits zum Zuschußland geworden ist, während in Oberösterreich noch ein geringer Stromüberschuß herrscht; dieser rührt aber nur davon her, daß die halbe Erzeugung der seinerzeit von der Kraftwerke Oberdonau AG. begonnenen, von der Ennskraftwerke AG. (einer Sondergesellschaft des Verbundkonzerns) aber vollendeten Ennskraftwerke Großraming, Mühlrading und Staning unmittelbar an die OKA abgegeben wird, was im Regeljahr 259 GWh ausmacht (1955: 254 GWh). Wäre das Kraftwerk Hieflau der Steweag bereits im Jahre 1955 zur Verfügung gestanden, so hätte sich für die Steier-

Additional material fromAlte Ziele und neue Wege der Elektrizitätswirtschaft Österreichs
ISBN 978-3-7091-3838-0 (978-3-7091-3838-0_OSFO2),
is available at http://extras.springer.com

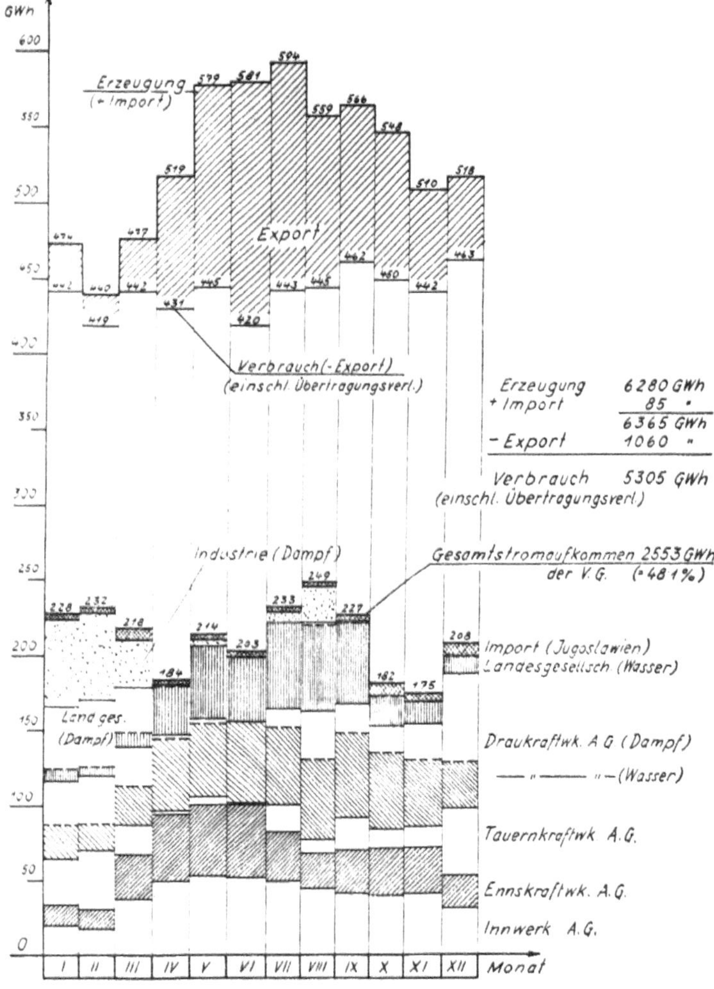

Abb. 2. Stromerzeugung und -verbrauch in Österreich im Jahre 1952 mit Angabe des Gesamtstromaufkommens der Verbundgesellschaft

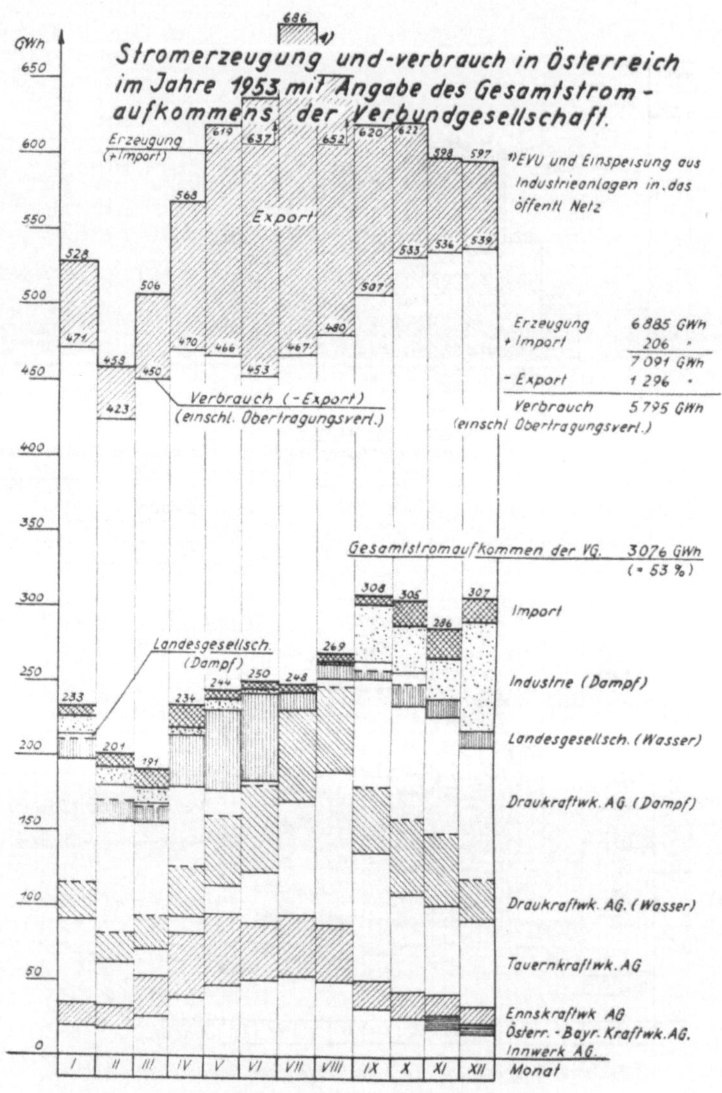

Abb. 3. Stromerzeugung und -verbrauch in Österreich im Jahre 1953 mit Angabe des Gesamtstromaufkommens der Verbundgesellschaft

mark noch knapp eine ausgeglichene Aufbringungsbilanz ergeben.

Nach wie vor verbleiben Wien und Niederösterreich die Bedarfsgebiete der länderweise geordneten Elektrizitätswirtschaft.

Die Inbetriebnahme des in Aufstellung begriffenen Maschinensatzes in Voitsberg wird wieder zu einem erheblichen Stromüberschuß des steirischen Raumes führen, während die Aufstellung eines weiteren Maschinensatzes in St. Andrä den kärntnerischen Überschuß weiter vergrößern wird. Die Errichtung eines Dampfkraftwerkes auf Ölbasis bei Pernegg durch die Steweag — es wird vorerst rund 40 MW Leistung, später die doppelte Leistung haben — wird den Überschuß des südlichen Raumes noch vergrößern. Dem Entschluß der Steweag zu diesem Bauvorhaben kann daher nicht ohne weiteres beigepflichtet werden. Diese Überschüsse werden natürlich wieder nach dem Nordosten tendieren, wo erst die Inbetriebnahme von Ybbs-Persenbeug — im ganzen gesehen — einen Bilanzausgleich erhoffen läßt, ein erheblicher Teil des sommerlichen Stromanfalles dieses Werkes wird aber der Stromausfuhr, besser gesagt, dem Stromaustausch mit den kalorisch orientierten Nachbarn im Nordwesten und Nordosten dienen können.

Das in der Öffentlichkeit bereits bekanntgewordene Übereinkommen mit der Tschechoslowakischen Republik z. B. dient diesem Zweck. Dadurch wird insbesondere das unsichere Wasserkraftdargebot der Übergangsmonate März, April, September und Oktober durch Reservestellung der tschechoslowakischen Dampfkraftwerke kompensiert.

Tab. XX gibt Bezug und Abgabe, ähnlich wie Tab. XIX, aber nach Gesellschaftsgruppen geordnet.

Der Anteil des Verbundkonzernes an der Elektrizitätsversorgung hat sich demnach in der Berichtsperiode neuerlich — und zwar sehr intensiv — verstärkt. Die

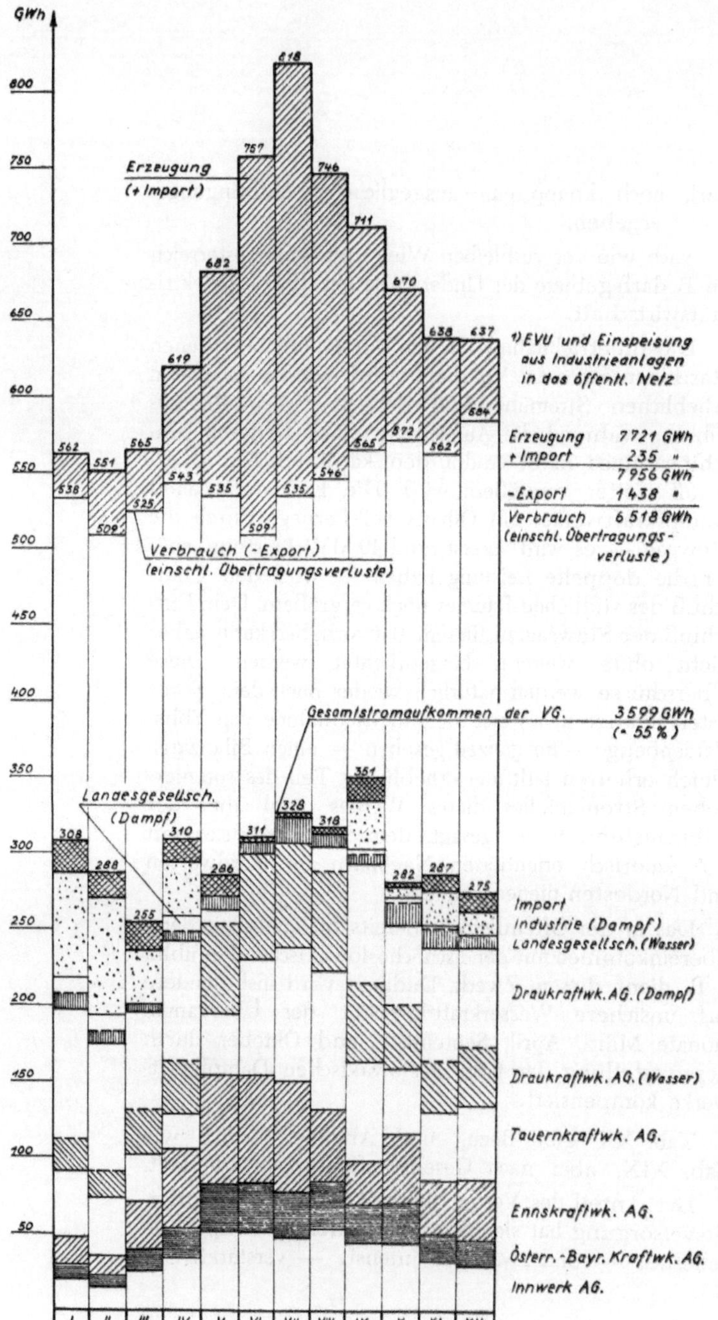

Abb. 4. Stromerzeugung und -verbrauch in Österreich im Jahre 1954 mit Angabe des Gesamtstromaufkommens der Verbundgesellschaft

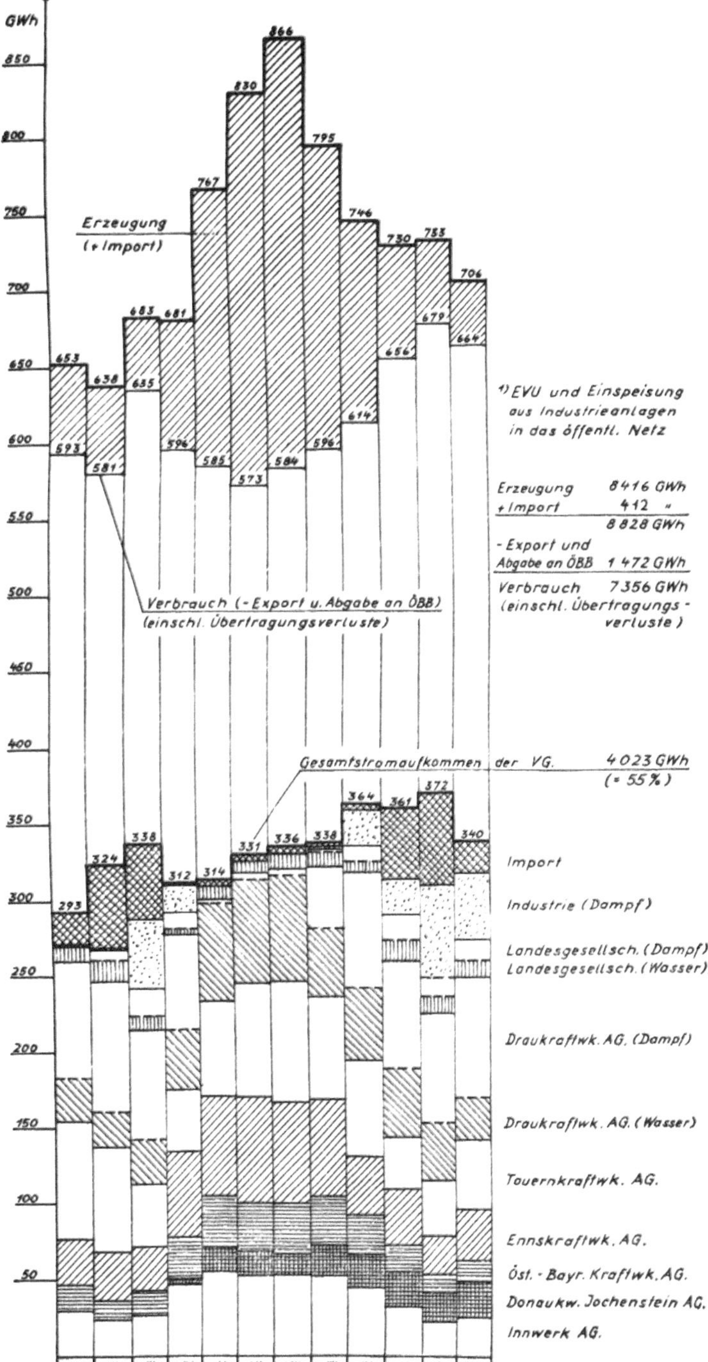

Abb. 5. Stromerzeugung und -verbrauch in Österreich im Jahre 1955 mit Angabe des Gesamtstromaufkommens der Verbundgesellschaft

gesamte Stromaufbringung des Konzerns beträgt in den Jahren:

1951	1952	1953	1954	1955	
2 329	2 553	3 076	3 599	4 023	GWh und zeigt bereits eine Steigerung gegenüber
1951	um 10	32,6	54,9	73,4%;	gegenüber dem Vorjahr
	um 10	20,5	17,0	11,8%;	und bezogen auf den Gesamtverbrauch des betreffenden Jahres einen Anteil von
41	48	53	55	55%.	

Gegenüber dem Jahre 1948, dem ersten vollen Betriebsjahre der Verbundgesellschaft, ergibt sich eine Steigerung der Stromaufbringung bis 1955 auf 253%.

Tab. XXI gibt aufschlußreiche Werte (in GWh) und Verhältniswerte (in %), bezogen auf die Gesamtaufbringung der Verbundgesellschaft und ihre Verteilung auf Abnehmergruppen.

Auch die Entwicklung des Stromexportes ist — zwar in bestimmter Abhängigkeit von der Hydraulizität des betreffenden Jahres — in steter Steigerung begriffen; ebenso steigt der Import, jedoch in dem Maße, als infolge von Mangel auf der Erzeugungsseite zeitweilige Engpässe hinsichtlich Leistungs- und Arbeitsdargebot auftreten.

Den Hauptanteil am Außenhandel mit Strom hat Westdeutschland, sowohl hinsichtlich Export als auch Import. Diese Verbindung besteht seit mehr als drei Jahrzehnten; sie hat sich systematisch entwickelt und ist noch sehr ausbaufähig. Neue Impulse hat sie durch den Ausbau der Grenz-Kraftwerke am Inn und an der Donau erhalten.

Tabelle XXI. Strombezug und -abgabe der Verbundgesellschaft in den Jahren 1952, 1953, 1954 und 1955

	1952	1953	1954	1955
Erzeugung des Verbundkonzerns[1])	1 829 GWh (71,6%)	2 454 GWh (79,8%)	3 012 GWh (83,7%)	3 320 GWh (82,5%)
Zukauf von Landesgesellschaften	484 „ (19,0%)	278 „ (9,0%)	156 „ (4,3%)	207 „ (5,1%)
Zukauf von Industrie-Eigenanlagen	185 „ (7,2%)	229 „ (7,5%)	296 „ (8,2%)	220 „ (5,5%)
Import	55 „ (2,2%)	115 „ (3,7%)	135 „ (3,8%)	276 „ (6,9%)
Gesamtbezug	2 553 GWh (100,0%)	3 076 GWh (100,0%)	3 599 GWh (100,0%)	4 023 GWh (100,0%)
Abgabe an Landesgesellschaften	1 336 GWh (52,3%)	1 439 GWh (46,8%)	1 710 GWh (47,5%)	1 996 GWh (49,6%)
Abgabe an andere Verbraucher	1 032 „ (40,4%)	1 209 „ (39,3%)	1 337 „ (37,1%)	1 536 „ (38,2%)
Export	39 „ (1,6%)	219 „ (7,1%)	344 „ (9,6%)	278 „ (6,9%)
Verluste und Sonstiges	146 „ (5,7%)	209 „ (6,8%)	208 „ (5,8%)	213 „ (5,3%)
Gesamtabgabe	2 553 GWh (100,0%)	3 076 GWh (100,0%)	3 599 GWh (100,0%)	4 023 GWh (100,0%)

[1]) Einschließlich den österreichischen Anteil an Ering, Obernberg, Braunau und Jochenstein.

Neueren Datums ist der Stromverkehr mit Italien und Jugoslawien, ganz gering jener mit der Schweiz und der Tschechoslowakei.

Die nachfolgende Tab. XXII gibt einen Überblick hierüber (in GWh).

Tabelle XXII[22]).

Export	1946	1947	1948	1949	1950	1951	1952	1953	1954	1955
Deutschland	751	590	936	567	709	834	1 074	1 271	1 334	1 406
Italien		42	10	—	—	—	—	2	73	23
Jugoslawien	1	0	0	—	—	—	0	—	4	0
Schweiz (und Liechtenstein)	3	5	5	5	1	0	1	0	0	0
Tschechoslowakei	9	7	0	4	9	15	18	23	27	20
Import										
Deutschland	17	79	151	145	29	19	80	130	144	367
Italien	—	—	—	—	—	—	—	8	30	—
Jugoslawien	2	1	1	0	—	25	55	67	61	44
Schweiz	—	—	0	0	1	1	1	1	1	1
Tschechoslowakei	0	0	—	—	—	—	—	—	—	—

Die Tab. XXIII enthält Summenwerte dieser Entwicklung in absoluten und relativen Größen (GWh und %).

Tabelle XXIII.

	1951	1952	1953	1954	1955
Stromexport (GWh)	849	1 093	1 296	1 438	1 449
„ (in %)	100	129	153	160	161
Stromimport (GWh)	45	136	206	235	412
„ (in %)	100	302	444	522	916
Exportüberschuß (GWh)	804	975	1 090	1 203	1 037
„ (in %)	100	121	136	150	129

[22]) Alle Werte zwischen 0 und 0,49 sind mit 0, die zwischen 0,5 und 1,49 sind mit 1 usw. angesetzt.

Von 1952 bis 1955 sind Pumpstromlieferungen für die Illwerke und aus den Illwerken eingeschlossen, da seit 1952 die Speicherpumpen in Rodund in Betrieb sind.

Additional material fromAlte Ziele und neue Wege der Elektrizitätswirtschaft Österreichs

ISBN 978-3-7091-3838-0 (978-3-7091-3838-0_OSFO3),

is available at http://extras.springer.com

Ob der Exportüberschuß auch weiterhin um 1 TWh schwanken wird, läßt sich heute nicht beurteilen; plausibel ist es anzunehmen, daß er jeweils nach Inbetriebnahme größerer Kraftwerke, wie z. B. von Ybbs-Persenbeug oder von Schwarzach, sicher nach Inbetriebnahme des nicht unwesentlich für den Export gebauten Innkraftwerkes Prutz-Imst sprungweise ansteigen und dann aber voraussichtlich wieder weiter um einen Mittelwert pendeln wird.

Tab. XXIV enthält Aufbringung und Verbrauch, bezogen auf die einzelnen Bundesländer mit den relativen Kopfquoten.

Daraus erkennt man den hohen Nachholbedarf in Wien und Niederösterreich, der, nur auf das österreichische Mittel gebracht, eine Jahresmenge von rund 2 TWh erfordert.

V.

In organisatorischer Beziehung ist zu berichten, daß zu den vier bekannten Sondergesellschaften[23]) die beiden Aktiengesellschaften Österreichisch-Bayerische Kraftwerke AG., mit dem Sitz in Simbach (Oberbayern) und Donaukraftwerk Jochenstein AG., mit dem Sitz in Passau (Niederbayern) gekommen sind, an deren Aktienkapital Österreich je zur Hälfte beteiligt ist. Das Aktienkapital jeder dieser beiden und jeder der vier anderen Sondergesellschaften ist ebenso wie das der Verbundgesellschaft seit 1952 mehrmals — wenn auch nicht hinreichend — erhöht worden. Der Stand vom 1. I. 1956 ist aus der Tab. XXV zu entnehmen[24]).

Das Aktienkapital der Tauernkraftwerke AG. ist seither nochmals, und zwar auf 197,562 Millionen S erhöht worden. An der Erhöhung haben sich nur der Bund und das Land Salzburg beteiligt; infolge-

[23]) S. „Wege und Ziele", S. 55 ff.

[24]) S. „Wege und Ziele", Tab. 6, S. 61.

Tabelle XXV

		Österreichische Donau- Kraftwerke-Aktiengesellschaft	Österreichische Drau- Kraftwerke-Aktiengesellschaft	Österreichische Enns- Kraftwerke-Aktiengesellschaft	Österreichische Tauern- Kraftwerke-Aktiengesellschaft	Österr.-Bayer.[4]) Kraftwerke-Aktiengesellschaft	Donaukraftwerk Jochenstein Aktienges.[4])
Aktienkapital in Mio S	1. 8. 1947	16	6	24	40	—	—
	1. 1. 1956	400	265	225	163,562	40[5])	30[5])
Aktionäre mit Beteiligungen in v. H. des Aktienkapitals	Bund	55	59,62	50	85,55	50	50
	Burgenland	2,5	—	—	—	—	—
	Kärnten	—	20[2])	—	—	—	—
	Niederösterreich	21,25[1])	0,19	2,78	0,92	—	—
	Oberösterreich (OKA)	—	—	44,44	—		
	Salzburg	—	—	—	1,30	—	—
	Steiermark	—	20[3])	—	—	—	—
	Wien	21,25	0,19	2,78	12,23	—	—
	Bayern	—	—	—	—	25	—
	Innwerk AG.	—	—	—	—	25	—
	Rhein-Main-Donau	—	—	—	—	—	50

[1]) Anteil derzeit im Besitze der Newag. [2]) Anteil zum Teil im Besitze der Kelag. [3]) Anteil zum Teil im Besitze der Steweag. [4]) Keine SG im Sinne des Verstaatlichungsgesetzes. [5]) Angaben in Mio DM.

dessen haben sich die Beteiligungsverhältnisse geringfügig geändert.

Das Aktienkapital der Verbundgesellschaft betrug zu denselben Stichtagen

1. VIII. 1947	. . . .	10 Millionen S
1. I. 1952	. . . .	80 Millionen S
1. I. 1956[25])	. . .	150 Millionen S.

Die Erhöhung des gesamten Aktienkapitals der vier Sondergesellschaften, das

am 1. VIII. 1947	. . . .	86 Millionen S,
am 1. I. 1952	. . . .	352 Millionen S und
am 1. I. 1956[25])	. . .	1 053,6 Millionen S

betrug, ist zahlenmäßig erheblich; trotzdem konnte damit nur ein kleiner Teil des Bauaufwandes des Verbundkonzerns seit 1947 gedeckt werden. Die Endsumme dieses Aufwandes (bis Ende 1954) und seine Aufbringung sind in der Tab. XXVI dargestellt. Daraus ergibt sich, daß durch die Aktionäre in diesem Zeitraum nur ein Anteil von 18,7% des Erfordernisses aufgebracht werden konnte; mehr als die Hälfte, nämlich 56,3%, stammten aus ERP-Mitteln. Das Ende der Marshall-Plan-Hilfe mußte daher die Finanzierung des Weiterbaues zu einem schweren Problem werden lassen. Bekanntlich ist es zunächst einmal gelungen, durch eine Weltbankanleihe für den Verbundkonzern (und eine zweite für die Vorarlberger Illwerke) sowie zwei große inländische Trefferanleihen (die erste Energieanleihe 1953 und die zweite Energieanleihe 1955) erhebliche Fremdmittel hereinzubringen. Der Anteil des Verbundkonzerns an der ersten Energie-

---

[25]) Das ist der tatsächliche Stand. Es ist zu beachten, daß im Laufe von 1956 die Schillingeröffnungsbilanzen der Verbundgesellschaft und der Sondergesellschaften (zum 1. 1. 1955) nachträglich eine buchmäßige Änderung dieser Summen herbeiführen werden.

Tabelle XXVI. **Investitionsaufwand und Finanzierung des Kraftwerksbaues der Sondergesellschaften in Österreich von 1947—1954** (Mio S)

Gesellschaft	Investitionsaufwand	Finanzierung				
		Eigenmittel			Fremdmittel	
		Bund	Aktionäre	Sonstige	ERP	Sonstige
Donaukraftwerk Jochenstein AG.	308,5	64,0				244,5
Ennskraftwerke AG	895,4	112,5	112,5	68,5	418,0	183,9
Österr.-Bayerische Kraftwerke AG. .	314,4	114,0		9,7	168,7	22,0
Österr. Donaukraftwerke AG.	113,4	63,3	51,7[1])			
Österr. Draukraftwerke AG. . . .	741,6	74,2	20,0	123,7	407,5	116,2
Tauernkraftwerke AG. .	1 775,0	139,9	23,7	108,0	1 343,3	160,1
Summe . . .	4 148,3	567,9	207,9	309,9	2 337,5	726,7

[1]) Überfinanzierung in Höhe von 1,6 Millionen S

anleihe belief sich auf 450 Millionen S, die Weltbankanleihe von 1953 auf rund 12 Millionen Dollar und die zweite Energieanleihe erbrachte 964 Millionen S. (Die Weltbankanleihe der Illwerke brachte 10 Millionen Dollar.)

Die restlichen Mittel für die Bauten des Verbundkonzerns sowie die für die Bauten aller anderen Gesellschaften wurden, soweit nicht eigene Mittel, z. B. aus Abschreibungen und Rücklagen, zur Verfügung standen, durch besondere Anleihen und Kredite, unter anderem auch durch Baukostenzuschüsse und Vorauszahlungen ausländischer Strombezieher, aufgebracht.

Für das Jahr 1956 wird, da auf einem anderen Wege derzeit keine Fremdmittel erreichbar waren, über eine neue Weltbankanleihe in der Höhe von rund 800 Millionen S verhandelt[26])

VI.

In der eingangs erwähnten Abhandlung wurde die Tatsache festgestellt, daß seit 1949 aus Leistungsmangel in Österreich kein Netzzusammenbruch mehr aufgetreten sei[27]), zugleich aber darauf hingewiesen, daß zu bestimmten Zeiten fast keine Reserven mehr vorhanden seien[28]). Es wurde ferner auf den stets möglichen Ausfall einer Maschine oder eines Leitungsteiles aufmerksam gemacht — wie er etwa durch Blitzschlag oder Eisbelastung hervorgerufen werden könne. Und schneller als gedacht, hat der Februar 1956 die Gefährlichkeit der elektrizitätswirtschaftlichen Situation aller Welt vor Augen geführt.

Dieser Februar war seit dem Jahre 1775, seit dem in Wien ununterbrochen die Temperatur verzeichnet ist, der zweitkälteste. Der Februar 1929 wies ein Temperaturmonatsmittel von —9,9° C auf, der Februar dieses Jahres ein solches von —8,2° C. Die Kältesumme des vergangenen Februars — das ist die Summe aller negativen Temperaturtagesmittel — blieb mit —247,1° C nur wenig hinter der des Februar 1929 mit —270,9° C zurück. Das Temperaturminimum des Februar 1929 mit —25,2° C war etwas tiefer als das des diesjährigen mit —22,6° C. Trotzdem wirkte der Februar 1956 kälter als der des Jahres 1929, weil die Kälte gleichmäßiger tief war. Der sonstige Verlauf des Winters war eher als mild zu bezeichnen.

---

[26]) Die Verhandlungen haben mittlerweile zu einem grundsätzlichen Übereinkommen geführt.

[27]) S. Fußnote [3]), S. 5 f.

[28]) S. Fußnote [3]), S. 35.

Es ist übrigens eine interessante Tatsache, daß die Anzahl der warmen Wintermonate die der kalten erheblich übersteigt. So waren seit dem Jahre 1775 31 Dezember extrem warm und nur 7 extrem kalt; 22 extrem warme Januare stehen 16 kalten gegenüber und gegenüber 31 extrem warmen Februaren werden nur 11 extrem kalte verzeichnet.

Es ist noch allgemein erinnerlich, daß die Kälteperiode Ende Januar ganz plötzlich einsetzte. Und schon am 2. Februar, knapp vor Mittag, ereignete sich ein technischer Zwischenfall der oben erwähnten Art.

Infolge der starken Kälte kam es im Umspannwerk Bisamberg zum Bruch eines Überspannungsableiters. Um die erforderliche Reparatur durchführen zu können, mußten verschiedene Schaltungen vorgenommen werden, die zunächst zu einem Erdschluß und dann zu einem Kurzschluß führten. Ein Leistungsschalter, der nun automatisch einen Abschaltvorgang hätte ausführen müssen, hatte aber wegen der Kälte Auslösehemmungen, und so wirkte sich der Kurzschluß in den Anfangspunkten der in Bisamberg zusammenkommenden Leitungen, das ist in Wien-Nord, in Wien-Süd und in Ernsthofen aus; damit fiel die Anspeisung von Wien aus und das Stadtnetz wurde von der 220 kV-Seite her stromlos.

Wie eine Kettenreaktion pflanzte sich dieser Stromausfall auf den südlichen Netzteil fort, in dem einzelne Leitungsstücke überlastet wurden und infolgedessen ausfielen, so daß schließlich auch der südliche Raum stromlos wurde. Ein fast gleichzeitig eingetretener Schaden im Kraftwerk Voitsberg wirkte zusätzlich.

Da es sich hier also nicht um einen Zusammenbruch aus Leistungsmangel gehandelt hat, gelang es in kurzer Frist, die Spannung wieder aufzubauen und die ganze Störung zu beseitigen.

Dieser kurzfristige Teilausfall des Netzes zeigte aber doch die ernste Situation unseres Verbundnetzes infolge des Mangels an Reserveleistung klar auf und bewies die Notwendigkeit, stark verteilte momentan einsetzbare Leistung zu schaffen.

Die abnormale Kälte verursachte insbesondere eine vermehrte Inanspruchnahme des elektrischen Stromes zu Heizzwecken, und wirkte sich infolgedessen auf die ganze Stromwirtschaft sehr stark aus. Während als normaler Tagesverbrauch des Verbundnetzes an einem Februarwerktag 1956 rund 22 GWh mit einer Spitze von 1 000 MW zu erwarten gewesen wären, entstanden Tagesverbräuche von 26 GWh und darüber mit einer Spitze von 1 220 MW. Damit wurde der Tagesverbrauch im Januar 1956 beträchtlich überschritten.

Gleichzeitig fiel das Dargebot der Laufwasserkräfte auf einen kleinen Teil der Ausbauleistung, was wohl an und für sich in den Wintermonaten durchaus der Erfahrung entspricht. Das mittlere Wasserdargebot im Februar erbringt rund 49% der Ausbauleistung; die Leistung kann aber auf etwa 22% dieser herabgehen.

Die Wasserkrafterzeugung im Februar 1956 war mit 361 GWh nur unwesentlich (4,4%) geringer als im Februar 1955. Abnormal war nur die lange Dauer der Winterklemme. Daher waren auch die Ansprüche jener Industrien besonders hoch, die einen großen Teil ihres Bedarfes aus eigenen Anlagen decken.

Und ein dritter spezieller Grund der höheren Belastung des Verbundnetzes lag in dem uneingeschränkten Betrieb der Aluminiumhütte Ranshofen, die entgegen der bisherigen eingeschränkten Betriebsweise noch anfangs Februar voll (mit fünf Gruppen, deren jede rund 25 MW aufnimmt) arbeitete. Die Hütte benötigt daher eine Leistung von 125 MW und verbraucht arbeitstäglich etwa 2,8 GWh, das ist fast 60% der Energiemenge, die in Wien an einem Wintertag verbraucht wird, oder 14% des im Verbundnetz auftretenden Stromverbrauches.

Die Erzeugung elektrischer Energie für die öffentliche Stromversorgung erreichte im Februar 1956

675 GWh und überstieg damit den Vergleichsmonat des Vorjahres um 110 GWh, das ist 17,7%. Dabei stieg die kalorische Erzeugung auf 314 GWh, was ein Mehr um 129 GWh, das sind 70,5%, bedeutet.

Demgegenüber erreichte der Verbrauch 715 GWh, das ist 134 GWh oder 23,1% mehr als im Vorjahr; er konnte nur durch erhöhte Einfuhr aus der Bundesrepublik Deutschland gedeckt werden, die 86 GWh geliefert hat. (Die Ausfuhr im Februar betrug 45 GWh; 7 GWh schließlich wurden an die ÖBB geliefert.)

In der Tab. XXVII sind einige charakteristische Werte über den Tagesverbrauch im Verbundnetz der Monate Januar und Februar 1955 und 1956 neben den mittleren Tagestemperaturen von Wien zusammengestellt, die das Gesagte erläutern.

Tabelle XXVII.

	1955				1956			
	1	2	3	4	1	2	3	4
13. 1.	2,7	913	16 243	19 018	2,6	1 097	20 585	22 030
27. 1.	−0,7	954	18 975	20 586	3,2	1 110	21 585	23 761
10. 2.	3,7	931	18 163	20 629	−17,1	1 221	24 454	26 274
17. 2.	−2,3	959	19 069	21 233	−14	1 193	24 142	25 902

1 mittlere Tagestemperatur in Wien in °C — 2 Tagesspitze in MW der vom Hauptlastverteiler der VG „gelenkten" Kraftwerke — 3 Verbrauch in MWh — 4 Verbrauch im ganzen Netz in MWh

Und die Tab. XXVIII enthält schließlich die vergleichenden Gesamtmonatswerte der öffentlichen Stromversorgung der Monate Januar und Februar 1954, 1955 und 1956, die eine Beurteilung der Verbrauchszunahmen ohne weiteres gestatten; dazu noch die Jahressummen für 1954 und 1955.

Die Abb. 6 bis 9 stellen Tagesdiagramme vom Januar und vom Februar der Jahre 1955 und 1956 dar. Sie ergänzen die Tabelle XXVIII.

Tabelle XXVIII.

	Erzeugung in GWh					Im-port	Ex-port	Inlands-ver-brauch
	EVU		Industrie-Eigenanlagen		Summe			
	Wa KW	Wä KW	Wa KW	Wä KW		GWh		
1954 Jänner	256	191	3	72	522	41	30	533
Februar	243	193	2	79	517	34	42	509
Jahr	5 891	1 383	119	328	7 721	235	1 438	6 518
1955 Jänner	433	166	8	6	612	41	60	593
Februar	377	178	5	5	565	73	57	581
Jahr	6 448	1 592	120	257	8 417	412	1 449	7 356[1])
1956 Jänner	407	200	5	60	682	52	41	685
Februar	359	237	2	83	681	86	45	715[2])

[1]) 24 GWh wurden an ÖBB abgegeben.
[2]) 7 GWh wurden an ÖBB abgegeben.

VII.

Im Abschnitt II wurden die allgemeinen Überlegungen über die erwartete Entwicklung behandelt. Es ist wiederholt dargetan worden, daß sich das Programm für den Ausbau von Kraftwerken (und Leitungen) danach richten und sich jeweils neuen Erkenntnissen und Tatsachen anpassen muß, immer mit dem Ziele, „daß der zu erwartende Bedarf . . . voll gedeckt werden kann, . . . dem Verbraucher zu jeder Zeit die für seine Zwecke erforderliche Strommenge mit der nötigen Leistung und Spannung sicher zur Verfügung steht[30])."

Es ist für eine vernünftig geleitete Wirtschaft selbstverständlich, daß man für ein solches Programm jene Kraftwerke wählt, die gestatten, dieses Ziel fristgerecht und mit einem Optimum an Aufwand zu erreichen. Da nun aber der Ausbau nicht so stetig erfolgen kann, wie der Bedarf steigt, die Wasserführung von der des Regeljahres oft ganz erheblich abweicht und auch der

[30]) S. „Wege und Ziele", S. 96.

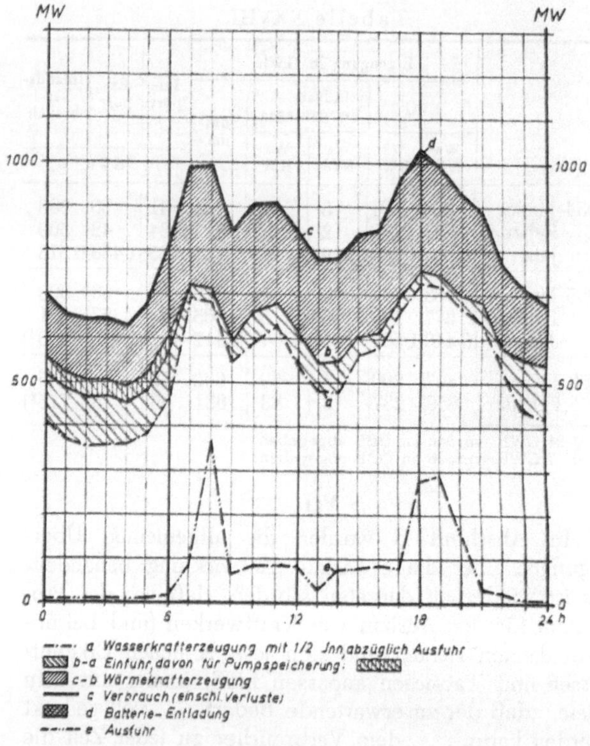

Abb. 6. Belastungsdiagramm vom 19. Jänner 1955

notgedrungenerweise angenommene oder aus verschiedenen Annahmen oder Vergleichsrechnungen entwickelte Bedarfszuwachs sich in einem anderen Rhythmus vollzieht, als der Spekulation entspricht, müssen sich jeweilig Überschüsse und können sich gegebenenfalls auch Mangelzeiten herausstellen. Solche sowohl positive als auch negative Klaffungen zwischen Dargebot und Bedarf können am besten durch internationale Verbundwirtschaft überbrückt werden. Der

Ablauf des Februar 1956 ist ein schlagender Beweis für die Möglichkeit, danach erfolgreich zu wirtschaften. Die kaum fühlbaren — notwendigerweise angeordneten

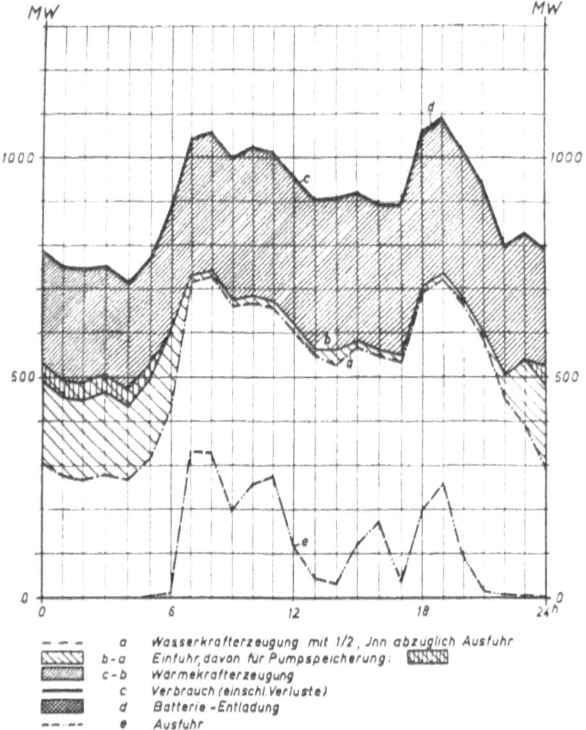

Abb. 7. Belastungsdiagramm vom 16. Februar 1955

Einschränkungen betrafen nur die Hütte Ranshofen und industrielle Abnehmer. Ihre Dauer betrug übrigens knapp 14 Tage.

Gäbe es keine solche aushilfsbereite Verbundwirtschaft, so müßte jeder Netzbereich, auf sich gestellt, solche Reserven bereitstellen, daß ein Leistungsmangel nicht eintreten kann. Darüber ist aber die Entwicklung in Mitteleuropa ein für allemal hinausgekommen. Man braucht sich daher mit einer solchen Lösung des Problems nicht abzugeben.

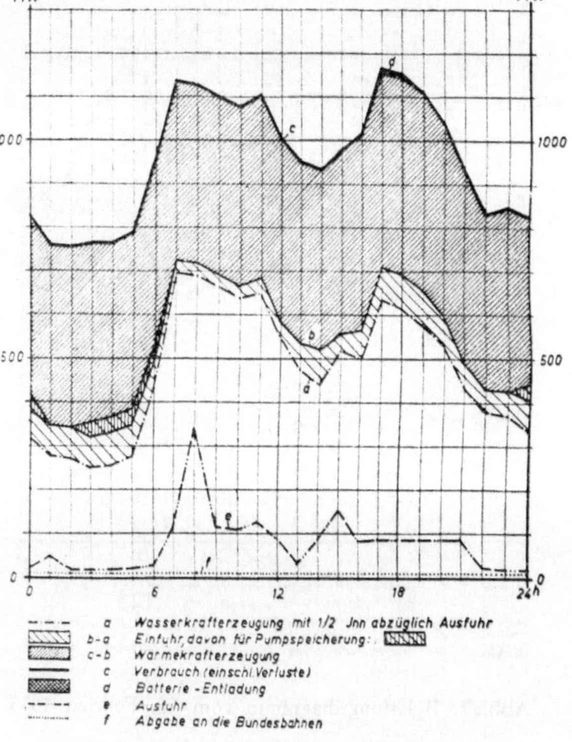

Abb. 8. Belastungsdiagramm vom 18. Jänner 1956

Aus Tab. XVIII ergibt sich, daß das Regeljahresarbeitsvermögen der in Bau befindlichen Wasserkraftanlagen, die sämtlich im Winter 1959/60 voll dem Betrieb übergeben sein werden — ohne das Lünerseekraftwerk, das dem Pumpspeicherbetrieb im westdeutschen Verbundnetz dienen wird und hier außer Betracht bleiben muß —, 2 750 GWh beträgt, mit einem Winter-

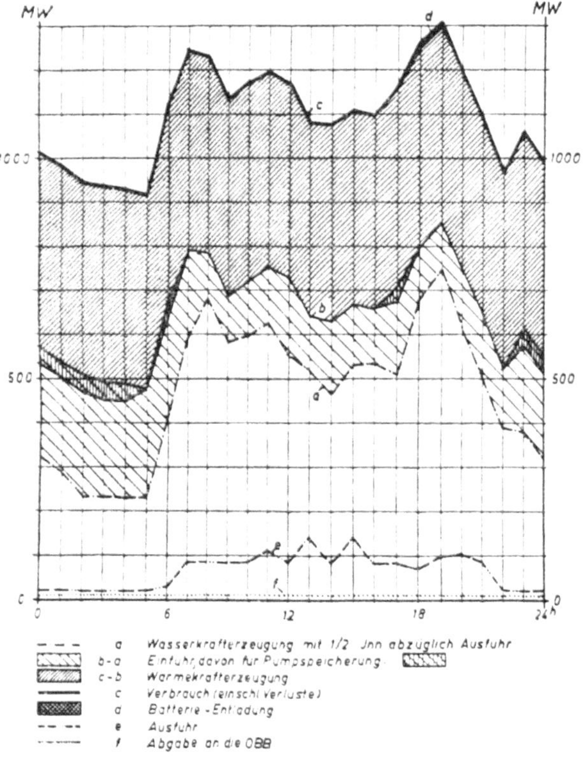

Abb. 9. Belastungsdiagramm vom 15. Februar 1956

anteil von 1 070 GWh (das sind 39%) bei einer Gesamtleistung von 592 MW, was einer Jahresbenutzungsdauer von 4 650 h entspricht. Zwei dieser Kraftwerke sind Langspeicherwerke (Kolbnitz und Ottenstein) und eines ein Kurzspeicherwerk großer Leistung

(Schwarzach). Der Winteranteil des Ausbauprogramms entspricht etwa den bisherigen Verhältnissen (s. Tab. XVII).

Dies bedeutet, daß der kalorische Anteil an der Erzeugung gleichfalls gesteigert werden muß (so wie er bisher gestiegen ist).

Aus diesem Grunde wurde im Jahre 1954 die Aufstellung eines neuen (vierten) Maschinensatzes im Dampfkraftwerk Voitsberg beschlossen[31]), der aus betriebswirtschaftlichen Überlegungen mit einer Leistung von 65 MW ausgeführt wird und im Herbst 1956 betriebsbereit sein wird. Mit diesem Maschinensatz wird eine neue Jahresarbeit von schätzungsweise 250 bis 350 GWh erzeugt werden, die — zumindest 80% auf den Winter entfallend — das Dargebot der neuen Wasserkraftanlagen gerade jahresausgleichend ergänzen kann.

Als dieses Programm (Abb. 10) entwickelt worden ist, hat man angenommen, daß die öffentliche Versorgung einen jährlichen Zuwachs von 650 GWh (das ist 10% des Verbrauches von 1951) zu decken haben werde, und zwar als ein größenmäßig konstanter, daher verhältnismäßig abnehmender Zuwachs (Abb. 11).

Denkt man sich diesen Zuwachs als den zu deckenden Bedarf eines neuen Gebietes — was gleichbedeutend ist mit einer Ausgangsposition mit vollem Gleichgewicht zwischen Bedarf und Dargebot zu dem Zeitpunkt, zu dem die ersten Maschinen des neuen Bauprogramms in Betrieb gehen —, eines Gebietes also, dessen Jahresverbrauch sich Jahr für Jahr um 650 GWh vergrößert, so ergibt eine einfache Überlegung, daß das zusätzliche Dargebot gerade für vier Jahre reicht und man am Ende des vierten Jahres, also ab 1960, eine Arbeitsreserve von rund 25% besitzt.

---

[31]) Wäre dieser Maschinensatz schon im Winter 1955/56 zur Verfügung gestanden, so hätte im Februar 1956 die halbe Einfuhrmenge aus Deutschland erspart werden können.

Tatsächlich stimmen aber Bedarf und Dargebot zu keinem Zeitpunkt überein. Es ist daher notwendig, das Programm und sein Dargebot auf den Ergebnissen des letzten erfaßbaren Jahres aufzubauen und die Bedarfs-

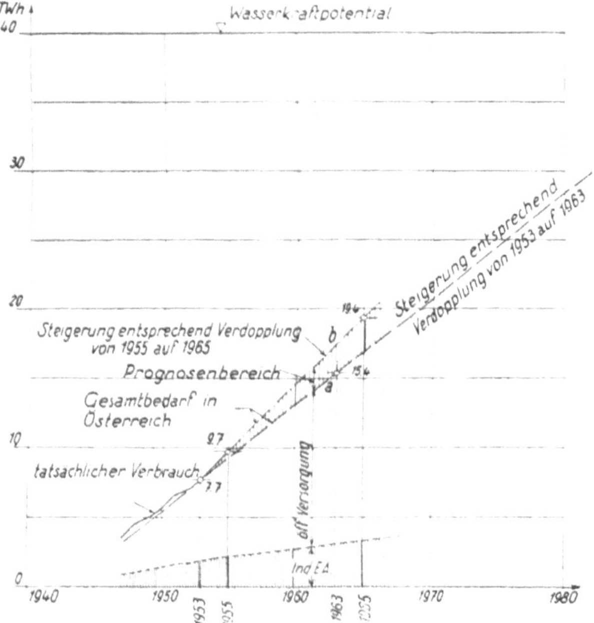

Abb. 10. Verbrauch seit 1947 und Bedarfsschätzung vom Jahre 1954. Das Jahr 1955 übertraf die Prognose um 700 GWh

deckung am Ende des Programms zu untersuchen. Zu diesem Behufe wurde ein besonderes Verfahren entwickelt, dessen Prinzip nunmehr kurz dargestellt werden soll. Danach wird noch das Ergebnis diskutiert.

Zunächst wurde — mit den Annahmen über die Zunahmen des Bedarfes — eine Monatsdauerlinie für

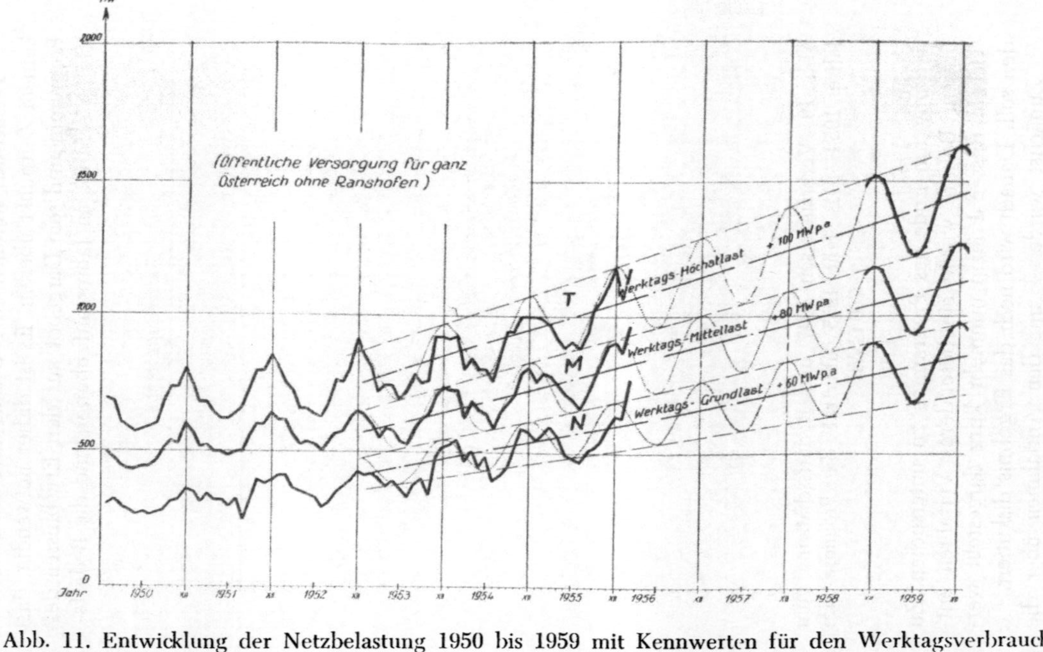

Abb. 11. Entwicklung der Netzbelastung 1950 bis 1959 mit Kennwerten für den Werktagsverbrauch

die zu erwartende Leistung konstatiert. Dabei ging man von den statistischen Untersuchungen aus, die über die Verhältnisse zwischen der Arbeit an Werk-, Sams- und Sonn- (Feier-) Tagen verarbeitet worden waren[32]).

Setzt man die Werktagsarbeit gleich 100, so ergibt sich der Samstagbedarf mit 90, der Bedarf an Sonn- und Feiertagen mit 66. Verteilt man die elf Feiertage gleichmäßig auf das ganze Jahr, kommen zu dem wöchentlichen Sonntag 0,2 Feiertage. Der Verbrauch einer Woche setzt sich dann wie folgt zusammen:

4,8	Werktage	= 4,8	Werktagsbedarf
1,0	Samstag	= 0,9	„
1,2	Sonntage	= 0,8	„
7	Tage	= 6,5	Werktagsbedarf

Die „Regelwoche" ergibt sonach eine „Spitze", die mit 100 bezeichnet werden möge, und eine „Grundlast" von der Größe 66. Ihr Mittel folgt aus dem Quotienten 6,5 : 7 = 0,93.

Die „Grundlast" des mittleren Werktagdiagramms beträgt im groben Mittel 60% der Spitze, das Mittel mit hinreichender Genauigkeit 80%, da bei dem Charakter der Untersuchungen ohne einen besonderen Fehler ein geradliniger Verlauf der Tagesdauerlinie angenommen werden kann (Abb. 12).

Mit diesen „Regelwerten" wird dann, wie aus Abb. 12 leicht hervorgeht, eine „Wochendauerlinie" konstruiert, die durch Maßstabänderung hinreichend genau in die „Monatsdauerlinie" des Bedarfes übergeht.

Aus einer analogen allgemeinen Überlegung entstand die Monatslinie des Dargebotes der Wasserkraft-

---

32) L. Bauer: Verfahren zur Ermittlung der Grundlagen für die Überlegungen hinsichtlich des wirtschaftlich richtigen bedarfsgerechten Ausbaues von Energieerzeugungskraftwerken zu bestehenden Anlagen. ÖZE (1955), Heft 1 bis 6.

anlagen. Ausgegangen wurde dabei von der „Hydraulizität", die entsprechend den bekannten französischen Vorschlägen für die österreichischen Wasserkraftanlagen ermittelt wurde. Verwendet wurden die beiden Jahrzehnte 1934 bis 1953, für die übereinstimmende Beob-

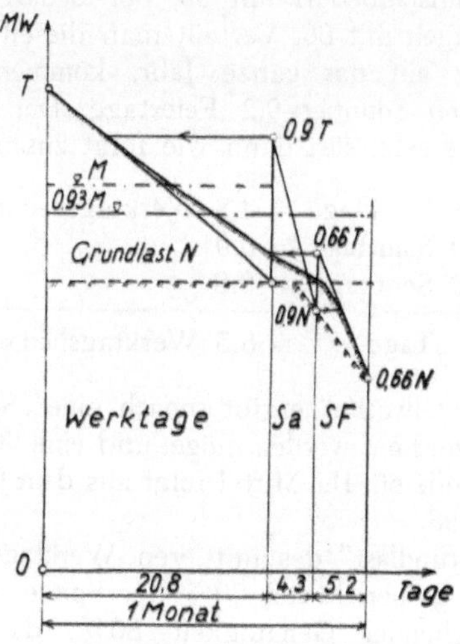

Abb. 12. Monatsdauerlinie der Belastung (angenähert aus der Summe der Dauerlinien für Werktage, Samstage und Sonn- und Feiertage)

achtungen in hinreichendem Umfang vorliegen[33]). Das Ergebnis dieser äußerst langwierigen Rechnungen ist in Abb. 13 dargestellt. Sie enthält für das „Modell" der Berechnung mittlere Monatswerte (Regelwerte des

[33]) L. Bauer und R. Partl: Die „Hydraulizität", ein neuer Begriff zur Beurteilung des Wasserdargebotes. ÖZE 8 (1956) H. 1, S. 13 bis 18.

— S. darüber auch R. Clausnitzer und F. Wöhr: Hydraulizität und Abflußzahl. Elektrizitätswirtschaft, 54. Jhg. (1955), H. 22, S. 784 bis 788.

Monatsmittels), Extreme des Monatsmittels und extreme Tageswerte in den Monaten des betrachteten Zeitraumes. Daraus ergibt sich z. B. die sehr wesentliche Erkenntnis, daß die Summe der Ausbauleistung einer Gruppe von Kraftwerken im Monatsmittel nie erreicht wird und daß die Volleistung nur an einzelnen Tagen verzeichnet werden kann.

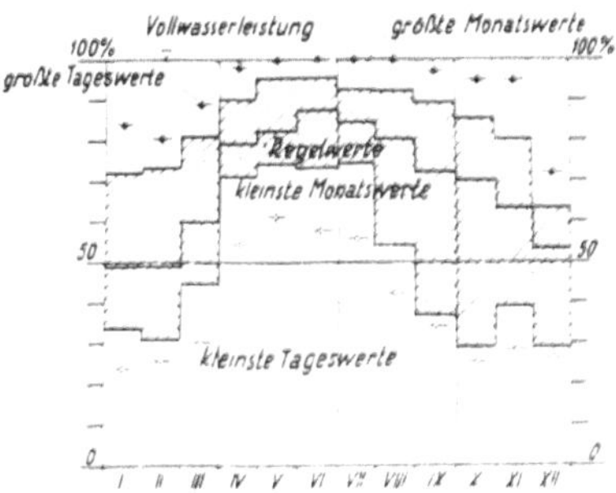

Abb. 13. Schwankungen des Laufwerksdargebotes (Hydraulizität) nach Jahresreihe 1934 bis 1953. Grundlage: Ausbaustand 1959 an den Flüssen Donau, Drau, Enns, Inn, Mur

Die „ideelle Monatsdauerlinie" des Dargebotes wurde nun so ermittelt, daß das Monatsmittel als Beginn (höchster Punkt) und das niedrigste Monatsmittel als tiefster Punkt (Ende) der Dauerlinie angenommen und sie selbst so eingelegt wurde, daß der Regelwert des Monatsmittels als ihr Mittelwert erscheint.

Nun wurde nach den Regeln der Wahrscheinlichkeitsrechnung der verwertbare Teil des Laufwerksdargebotes ermittelt. Da Bedarf und Dargebot voneinander völlig unabhängig sind und das Zusammentreffen gleichen Bedarfes und Dargebotes offenkundig zufällig ist, müssen die beiden Kollektive Bedarfs- und Dargebotsleistung nur nach der Multiplikationsvorschrift miteinander verbunden werden, ist doch die Dauer einer bestimmten Leistung nichts anderes als die Wahrscheinlichkeit, mit der sie innerhalb des betrachteten Zeitraumes eintritt oder überschritten wird, und es ergibt sich die Wahrscheinlichkeit ihres Zusammenfallens als das Produkt der Einzelwahrscheinlichkeiten, somit die Dauerlinie des verwertbaren Dargebotes als Produkt der Dauer von Bedarf und natürlichem Dargebot für gleiche Leistung[34]). Ein Beispiel ist in Abb. 14 dargestellt; die schraffierte Fläche ist ein Maß für die nicht verwertbare Energie.

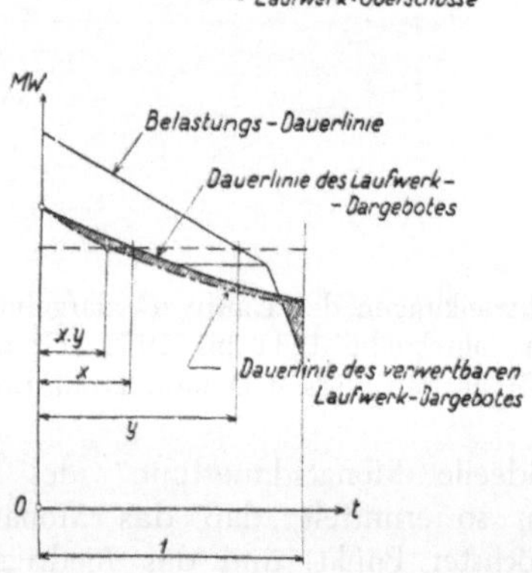

Abb. 14. Ermittlung der Laufwerk-Überschüsse nach Methode der Wahrscheinlichkeitsprodukte

Bei dieser angenäherten Ermittlung der Monatsdauerlinien ist die „Regelverteilung" der Wasserfüh-

---

[34]) E. Denk: Verfahren zur Bestimmung einer energiewirtschaftlichen Rangfolge mehrerer Wasserkraftprojekte innerhalb eines Verbundsystems [ÖZE 7 (1954), H. 10 und 11], wo diese Methode in einem anderen Zusammenhang sehr fruchtbar angewendet worden ist.

rung der Gewässer und die der Dargebotsleistung verwendet und gleichzeitig auf die graphische Berücksichtigung der Tagesextremwerte verzichtet worden, die flächenmäßig in der Berechnung keine Rolle spielen

Wie nun weiter vorgegangen wurde, zeigen Abb. 15 und 16; die die Dauerlinien für einen Winter- und einen Sommermonat darstellen. Von der Bedarfsdauerlinie nach abwärts wurde der mögliche Einsatz der Lang- und Kurzspeicherwerke abgetragen (LSp und KSp), sowie das geringere Dargebot des Schwellbetriebes der Laufkraftwerke (LfSchw). Dabei muß die Fläche (verschieden schraffiert) jeweils dem Arbeitsdargebot entsprechen und die größte Höhe kleiner sein als die Ausbauleistung der jeweiligen Gruppe. Übrig bleibt die punktierte Fläche, die durch den Einsatz der Dampfkraftwerke gedeckt werden muß — oder durch weitere neue Werke, wenn die über das Jahr summierte Gesamtfläche Arbeitsmöglichkeit und Höchstleistung der Dampfkraftwerke übersteigt.

Die vollständige Durchrechnung hat erwiesen, daß das Ausbauprogramm bis zum Ende des Jahres 1959 den angenommenen Zuwachs von 650 GWh/Jahr decken kann.

Eine Vorausschau zur ersten Programmierung des weiteren Ausbaues für das Jahr 1964 ergab einen Fehlbetrag an Energie, der in Abb. 17 in Halbjahresdauerlinien dargestellt ist und rund 3 TWh beträgt, wovon rund 1,2 TWh (40%) auf den Sommer, 1,8 TWh (60%) auf den Winter entfallen; daraus erhellt, daß die Fortführung des heutigen Ausbauprogramms in etwa gleichem Umfang auch für die nächsten Jahre eine Minimalforderung ist, eine Minimalforderung deshalb, weil sich mittlerweile als neue Tatsache herausgestellt hat, daß der Bedarfszuwachs größer ist als die bisherigen Annahmen. Der Verbrauch stieg von 1953 auf 1954 um 953 GWh, von 1954 auf 1955 gar um 1 072 GWh. Man wird daher, wie in Abschnitt II über-

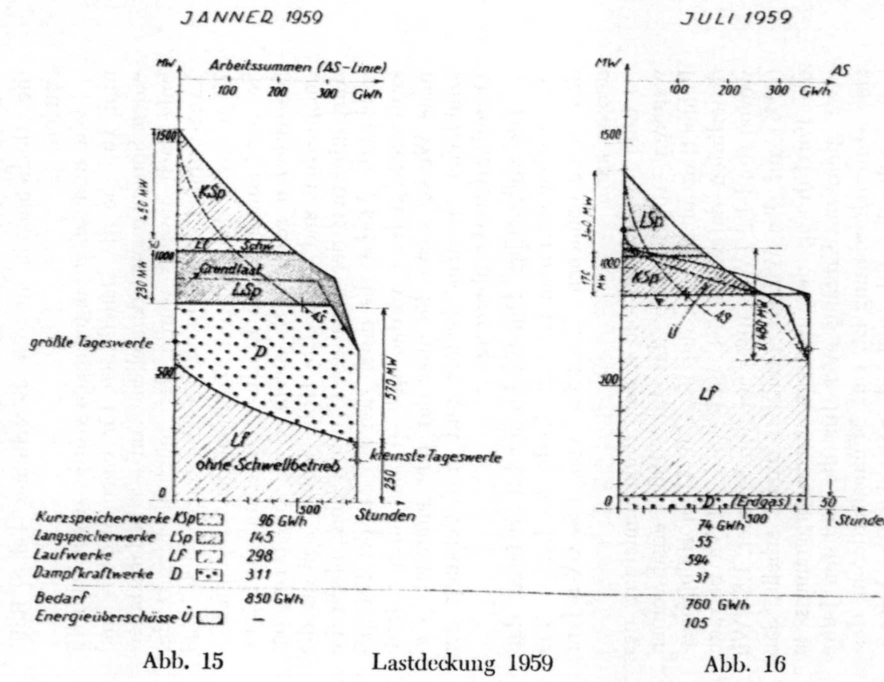

Abb. 15 Lastdeckung 1959 Abb. 16

legt wurde, auch einen möglichen Jahreszuwachs von 10%, das sind 1 000 GWh, der weiteren Programmgestaltung zugrunde legen müssen. Die Berechnung kann nun in der gleichen Weise wie geschildert er-

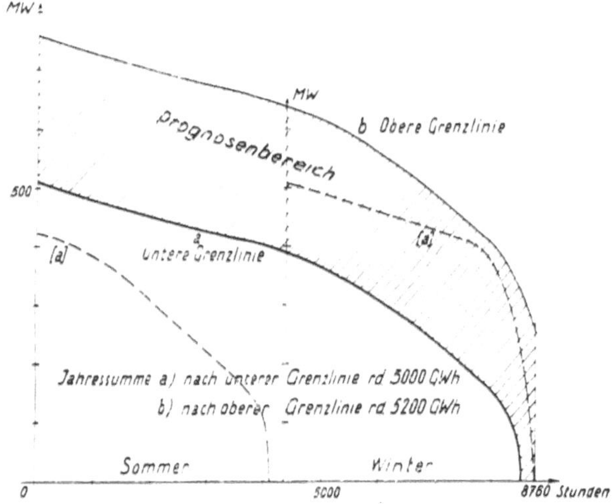

Abb. 17. Halbjahres- und Jahresdauerlinien der Fehlenergie 1964

folgen. Man kann aber wesentlich einfacher, um zu einem „oberen Grenzwert“ zu gelangen, die höhere Zuwachsrate gleichmäßig verteilen, und man gelangt damit für 1959 zu einem Fehlbetrag an Arbeitsvermögen von 1 100 GWh, für die auf dem hydraulischen Sektor keine Deckungsmöglichkeit sichtbar ist. Dieser Fehlbetrag kann nur durch einen forcierten Ausbau neuer kalorischer Werke gedeckt werden. Die eine der beiden Möglichkeiten liegt im Vollausbau des Kraftwerkes St. Andrä. Die Aufstellung eines Maschinensatzes von 100 MW ist auch schon in Aussicht genommen, weil sich nach Aufschluß der Kohlengrube herausgestellt hat, daß dort für die Zwecke des Kraftwerksbetriebes zusätzliche Kohle zur Verfügung gestellt werden kann.

Da in dieser Anlage damit zusätzliche Arbeit im Ausmaße von 400 bis 500 GWh/Jahr gewonnen werden kann, verbleibt noch ein Fehlbetrag von 600 bis 700 GWh/Jahr. Um diesen zu decken, braucht man eine weitere kalorische Anlage mit einer Leistung von 150 MW. Für sie stehen derzeit wohl keine Kohlen, aber Erdöl und -gas aus dem Marchfeld zur Verfügung. Diese Anlage soll — entsprechend dem Orte des Anfalles des Energieträgers — im Wiener Raum errichtet werden. Die Untersuchungen über die zweckmäßige Lage sind im Gange; sie müssen so rasch abgeschlossen werden, daß der Bau der Anlage spätestens anfangs 1957 begonen werden kann und ihre Leistung im Winter 1959/60 zur Verfügung steht. Wenn diese beiden kalorischen Anlagen rechtzeitig begonnen werden können, ist nach aller Voraussicht zu erwarten, daß das Dargebot an Elektroenergie im Jahre 1960 dem zu erwartenden Bedarf wird gerecht werden können. Auch das Ölkraftwerk Pernegg wird seinen Beitrag zur Winterbedarfslage leisten, zu der es bei etwa 1 500 Stunden Benutzungsdauer vorerst 60 Millionen kWh beitragen wird. Dadurch werden allerdings die standortbedingten Bedenken (s. o.) nicht beseitigt.

Zur Abdeckung des weiterhin zur erwartenden Zuwachses — und kein Wirtschaftsfachmann kann an einem solchen zweifeln — wird im Jahre 1957 der Bau weiterer Wasserkraftwerke in Angriff genommen werden müssen (Abb. 18 und 19).

Nach den geschilderten Überlegungen ergibt sich in jedem Jahr ein Zuwachs, der nach unten mit 650 und nach oben mit 1 000 GWh begrenzt werden kann; dies entspricht größenordnungsmäßig etwa einem halben Donaukraftwerk, ergänzt durch ein dem Wasserführungsrhythmus der Donau angepaßtes Speicherwerk oder allenfalls ein Dampfkraftwerk. Auch ein Pump-

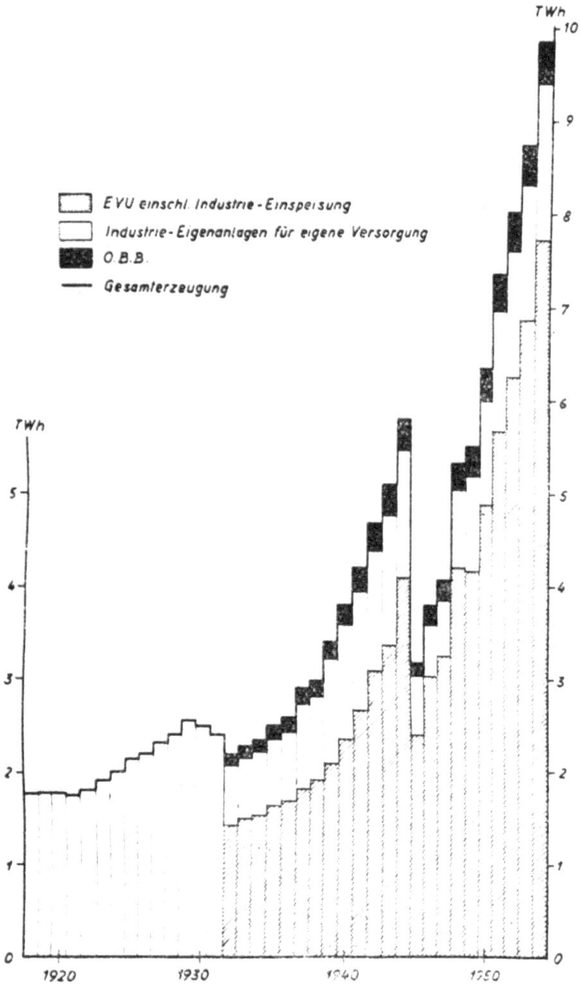

Abb. 18. Entwicklung der Stromerzeugung in Österreich 1918 bis 1954

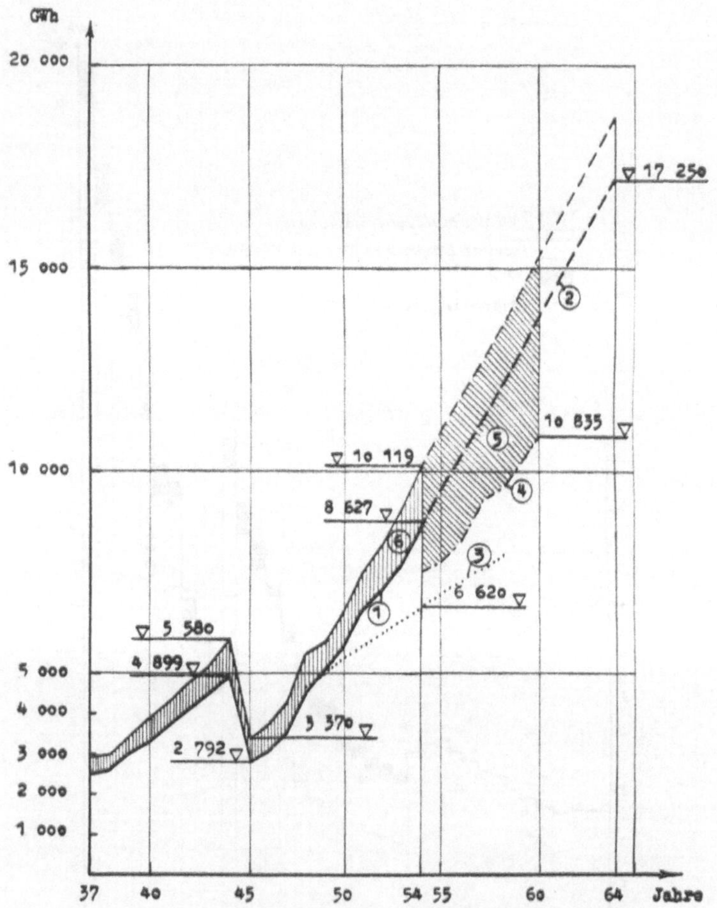

Abb. 19. Entwicklung des Stromverbrauches 1937 bis 1954 und Prognose bis 1964

1 Tatsächlicher Inlandverbrauch 1937 bis 1954. *2* Prognose 1954 bis 1964, Verdopplung in 10 Jahren. (Aus dem Jahre 1955.) *3* Prognose nach Elektrizitätswirtschaftsplan 1948. *4* Zuwachs gemäß derzeitigem Bauprogramm der Wasserkraftanlagen. *5* Fläche der benötigten kalorischen Ergänzung. *6* Fläche des Exports. Ab 1954 gleichbleibend angenommen

speicherwerk zur Veredelung der Nachtenergie käme in Betracht. Es wird natürlich, wenn hier von Dampfkraftwerk gesprochen wird, immer ein kalorisches Kraftwerk verstanden, daß mit Erdgas, mit verschiedenen Schwerölen oder auch mit Kohle betrieben werden kann. Im Einzelfalle wird immer die Entscheidung darüber getroffen werden müssen, welche Energieträger jeweils in Betracht zu ziehen sind.

Die bisher angestellten Überlegungen haben gezeigt, daß schon nach dem jetzigen Stand der Erdgaserschließung ein Kraftwerk mit 600 bis 700 GWh Jahresarbeit durchaus möglich ist. Auch darüber, daß die auf Erdgasbasis gewonnene elektrische Energie der aus kohlenversorgten Dampfkraftwerken gewonnenen wirtschaftlich überlegen ist, sind sich alle Beteiligten klar. Denn sowohl die Ausbaukosten eines solchen werden wegen Wegfalls der Kohlenlagerplätze und der einfacheren Ausführung der Kessel niedriger, auch der Brennstoff ist — bezogen auf die Million Wärmeeinheiten — billiger. Man kann bei einem Erdgaskraftwerk für die Elektrizitätswirtschaft mit einer Ersparnis von etwa 300 000 S/MW · Jahr rechnen[35]).

In welcher Reihung neue Wasserkraftanlagen in Frage kommen, kann heute noch nicht angegeben werden. Auch bisher sind alle Baubeschlüsse den momentanen Gegebenheiten angepaßt worden.

In Wettbewerb stehen in erster Linie ein neues Donaukraftwerk, wie z. B. das Kraftwerk Aschach (1 300 GWh), dessen Projektierung weit fortgeschritten ist, daneben die Vollendung der Ennskette

---

[35]) Benutzungsdauer von rund 4 000 h bei 7 bis 8 g/kWh Ersparnis, wozu mit einem Drittel der Brennstoff, mit zwei Dritteln der feste Kostenanteil beiträgt. Als Idealfall kommt wohl eine kombinierte Anordnung von Raffinerie und Kraftwerk neben einer chemischen Anlage zur Erdölverarbeitung in Frage. Ob dies aber aus finanziellen Gründen möglich sein wird, kann hier nicht untersucht werden.

zwischen Großraming und der Donau, wo die baureifen Entwürfe Losenstein (160 GWh) und St. Pantaleon (260 GWh) vorliegen, das Draukraftwerk Edling (300 GWh) am Rückstauende von Schwabeck, das Innkraftwerk Schärding (510 GWh) unterhalb von Obernberg-Egglfing, später die noch fehlende Stufe oberhalb Passau (480 GWh) und das Speicherwerk Kastenreith an der Enns (900 GWh), das den Ennsausbau zwischen Hieflau und Großraming schließen wird.

An Hochgebirgsanlagen sind im Sichtbereiche das Langspeicherwerk Dorfertal-Huben (310 GWh), das einen Bestandteil des Interalpensystems in Osttirol bildet, der Langspeicher Durlaßboden im Einzugsgebiet des Gerloskraftwerkes in Tirol (100 GWh) und der systematische Ausbau einer Werksgruppe im Zillertal, ausgehend von dem Schlegeisenspeicher mit zwei oder drei Werken bis Mayrhofen (600 GWh).

Das Jahresarbeitsvermögen dieser Projekte entspricht, global gesehen, dem Zuwachs 1960 bis 1965, der sich unter Annahme der höheren Jahresrate von 1 000 GWh ergibt. Die Baubeschlüsse werden daher leicht den Jahresergebnissen anzupassen sein. Unter Umständen wird auch in dieser nächsten „Fünf-Jahres-Periode" wieder die Aufstellung von kalorischen Kraftwerken — z. B. anstatt einer Speichergruppe — zweckmäßig sein, wenn die erforderlichen Mengen der Energieträger (Kohle, Öl oder Gas) sichergestellt werden können.

Die bisherigen Betrachtungen sind auf das Arbeitsvermögen abgestellt worden. Sie sind selbstverständlich durch ganz ähnliche Überlegungen hinsichtlich der Leistung zu ergänzen. Um dies näher erläutern zu können, sind in Abb. 13 die extremen Tageswerte der Wasserführung eingetragen worden und ihnen entsprechend in Abb. 15 und 16 die extremen Leistungswerte der Monatsdauerlinien.

Die Versorgungsaufgabe kann nur erfüllt werden, wenn auch am schlechtesten Tag (am Tage des niedrigsten Laufkraftdargebotes) der höchste zu erwartende Leistungsbedarf gedeckt werden kann. Es würde zu weit führen, die Einzelheiten dieser Untersuchung hier noch besonders vorzuführen, und es dürfte wohl die Feststellung genügen, daß das in Bau befindliche Programm dieser Bedingung voll genügt. Dies kann leicht überschlägig aus folgender kurzer Rechnung erkannt werden: Die Regelmonatsmittelleistung im schlechtesten Monat des Jahres, das ist im Februar, kann auf 31% der Regelleistung dieses Monats sinken; diese beträgt nach Fertigstellung des Programms im Jahre 1959 810 MW; die Leistung während der Wasserklemme kann daher auf 250 MW herabgehen. Nun wird die Ausbauleistung der Langspeicherwerke Ende 1959 570 MW betragen, die Leistung der Dampfkraftwerke 585 MW und die Februarleistung der Laufwerke mit Schwellbetrieb und der Kurzspeicherwerke rund 200 MW (gegenüber der Volleistung derselben Werke mit 536 MW, die halbtägig mit Sicherheit erzielt werden kann).

Der erwartete Leistungsbedarf beträgt aber für die Zuwachsrate von 650 GWh/a 1 630 MW, für die Zuwachsrate von 1 000 GWh/a 1 790 MW.

Das Bauprogramm ergibt nun eine sichere Leistung von 250 + 570 + 585 + 200 = 1 605 MW, wobei ein Einsatz der Schwellwerke nicht gerechnet ist. Dieser bringt aber über 300 MW, wodurch die erstgenannte Zahl hinreichend überschritten wird.

Die Differenz zwischen den beiden Zuwachsraten entspricht genau der Leistung des zusätzlich zu errichtenden Erdgaskraftwerkes mit 150 MW Leistung, womit auch jenem höheren Erfordernis voll Rechnung getragen werden kann.

Diesen Notwendigkeiten muß durch Vorsorge für eine zügige Finanzierung des Kraftwerksbaues Rechnung getragen werden. R. Stahl hat dieses Problem sehr eingehend in seinem am 23. 3. 1956 vor dem Österreichischen Energiekonsumentenverband in Wien unter dem Titel „Die künftige Stromversorgung der Industrie" gehaltenen Vortrag erläutert und dabei besonders auf die Notwendigkeit internationaler Zusammenarbeit hingewiesen, durch die auch die Finanzierung erleichtert werden könne. In diesem Vortrag ist eindeutig auf die Notwendigkeit des weiteren Wasserkraftausbaues hingewiesen worden, „als die für uns einzig wirtschaftliche und auf lange Sicht für Österreich einzig vernünftige Form des elektrizitätswirtschaftlichen Ausbaus".

Immer wieder ist darauf hinzuweisen, daß die gesamte Wirtschaft zum Verdorren verurteilt ist, daß jegliche Verbesserung der Produktibilität ausgeschlossen ist, und daß die Wettbewerbsfähigkeit auf dem Weltmarkt nicht gehalten werden kann, wenn die Produktion nicht in ausreichendem Maß über ihre lebenswichtigste Grundlage, eine sichere Elektrizitätsversorgung, verfügt.

Diese Elektrizitätsversorgung ausreichend und zu tragbaren Preisen unter allen Umständen sicherzustellen, ist das unabänderliche, alte Ziel der verstaatlichten Elektrizitätswirtschaft. Neben den Wasserkräften und der heimischen Kohle gilt es nun, die Erdöl- und Erdgasvorräte in angemessener Weise der Stromgewinnung dienstbar zu machen. Neue Wege wird aber die Finanzierung einschlagen müssen, nachdem die Marshall-Plan-Hilfe zu Ende gegangen ist. Die Aktionäre werden durch Erhöhung des Eigenkapitals, in angemessenem Verhältnis zur Inanspruchnahme von fremden Mitteln (Anleihen), dafür sorgen müssen, daß den Elektrizitätsgesellschaften die zum weiteren Ausbau erforderlichen Geldmengen zur Verfügung gestellt werden.